牧野富太郎選集の2

春の草木と万葉の草木

牧野富太郎

東京美術

牧野富太郎選集2　春の草木と万葉の草木　目次

万葉の草木

春の草木

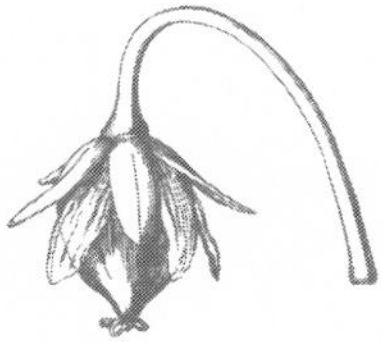

萌え出づる春の若草

春の野に出でて若菜を摘むという、つまり摘み草ということは、昔からあるゆかしい風習であるが、多くの人は摘み草はいつでも摘むべき草の種類をごくわずかより知っていない。せりは一番よく摘まれる草でなんにしても美味しく、ことに高い香りが喜ばれる。

よもぎ

だれもが知っている草であるが、これは餅に入れて食べるよりほかしようがないのでちょっとおっくうである。余談に入るがこのよもぎの餅の起原は、おそらく今日のような糯米《もちごめ》などのできなかった頃、普通の米ではなかなか餅にならないのでつなぎとして草を入れたものらしい。その草もはじめはよもぎでなく母子草（おぎょう）を用いたものである。あの草の葉の表裏に白い毛が生えているので、それがつなぎになったのである。のちにだれかがよもぎを見出して、やはりよもぎにも毛があるのでつなぎに用いてみると香りもよし立派な餅になったので、よもぎなら母子草よりもたくさんあるし葉も大きいので大変いいというので、よもぎの餅が一般に用いられるようになったらしい。このほかにもつくしとかなずなとかいうのは、だれもが知っているが、ふつうの人に知られていないもので食物として趣味ある植物がたくさんある。それらを一方また植物学的に観察することも興味深く、かつ知識の習得の上にも非常によいと思う。

げんげの葉

四月頃の田の面を一面に蔽うて咲くげんげの花、あれの若葉は非常に美味しいということが支那の書物にある。そこでいつか摘んできておひたしにして食べてみたところがいっこうにうまくない。なぜだろうと思って、今度は支那式に油でいためて塩、胡椒、それに少しの醤油を加えて食べてみたら、ほんとうに美味しかった。また支那人はよくしろつめ草（White Clover）の葉を食べる。これもげんげのような方法で食べたら美味しかろうと思う。

種つけ花

これも四月頃の田の中に咲く花で十字科に属し無毒である。秋の末から生えて春の初めに繁殖し、苗代へ稲の種を下ろす頃に花咲くので種つけ花と呼ばれる。このまだ茎の出ないうちに採っておひたし、または油でいためて食べるという。これと縁の近いものに大葉種つけばながある。

大葉種つけばな

宿根生で武蔵野の原、水清きほとりに行くとたくさん生えている。これは冬のうちより出ている。葉に少し辛みがあって、刺身のつまにするとなかなか雅味がある。愛媛県の松山では冬のうちに付近の高井村というところから農夫がこの草を売りにきて、八百屋で売っている。松山では昔からこれをていれぎといって松山名物にかぞえ「高井のていれぎ」という文句が俚謡にまでのぼっている。しかしこれは松山の特産ではなくて東京付近にもたくさんあるのであるが、東京の人がこれを利用しないのはおそらく野草に不案内なためであろう。ていれぎは葶藶と書くのであるが、これの本物は犬がらしという植物なのである。それを昔の人が間違って大葉種つけばなにこの名をもっていってしまったのである。

犬がらし

庭先、道傍、野原などにたくさん生えている。塩漬にするか煮るか三杯酢にするかして食することができる。葉の形は蕪の葉を小さくしたようなもので一株から叢生している。薹《とう》が立つと小さい黄花が咲いて針状の長い実ができる。

すかし田牛蒡

これは犬がらしと兄弟のような植物で、春芽立つものであるが、茎の出ないうちに採って犬がらしと同じ方法で食べられる。

川ぢしゃ

このごろ野に出でて、川辺とか湿地のようなところへいって見ると、川ぢしゃというものがある。葉が軟らかく毛がなくて春はまだ茎が立たぬので地を這うている。葉の色はやや紫味を帯びている。これを採って酢味噌あえにすると美味しい。葉が軟らかいのでちしゃといい川辺にあるために川ぢしゃといわれている。播州明石辺の料理屋では、この種子を取っておいて蒔いて、その可愛らしい貝割れを刺身のへりにそえる。ちょうど蓼の実生をそえるようにそえるのであるが、蓼のように辛味などはなく、ただ体裁だけである。しかしちょっと雅趣がある。

萱草

春の野外、川の堤、山の麓などに萱草（やぶかんぞう）というのが生える。萱は忘れるという意味で支那ではこの草をもっていると憂を忘れるとのいい伝えがある。またこれを宜男草ともいい、この草を婦人が帯びていると男子を生むといわれている。この萱草が春の初めに生える。ちょうど百合の葉のようで薄緑色をしている。これを根元から採って湯煮して酢味噌あえにすると、甘味があって美味しい。これが生長して夏になると二尺以上に茎が立ち、鬼百合を八重にしたような花が咲く。花の色は樺色をしている。この花、あるいは明日咲くという蕾を摘んできて牛鍋などに入れると花に甘味があってたいへん美味しい。また三杯酢にしても美味しい。この花を食べるということは日本では珍しくて趣味あることと思う。支那では八重咲きのものには毒があるなどと書いてあるが、それは無根のことである。この草はまた秋の末、芽が二、三分出たころにそれを採って、上等の料理に用いることがある。甘味があって乙なところがある。これは東京付近にもたくさんある。

黄萱

これは萱草と同属のもので東京付近にあるが、信州辺にはことにたくさんある。これは若葉は食べないが夏たくさんの花が咲く。毎夕一輪ずつ開くので夕すげの名がある。その明日咲くという蕾や花を採ってきて同じ方法で食用にできる。支那にはこの草がたくさんあるとみえて昔から食用にしている。その蕾を採って湯をとおして日に干しこれを金針菜と名づけて乾物屋で売っている。これを湯煮して前のような方法で食べる。

こうぞり菜

春の野外でよく出会うものにこうぞりなというのがある。葉が長大で剃刀のような形をしているのと、その葉に毛があって手を触れると切れそうなのでこの名がある。これは湯煮すると軟らかになるからおひたしなどにして食べるといい。山道や野原、山の付近の荒地などに地面へついて拡がっている。

たんぽぽ

これはよく摘まれる草で、この花は黄色いのがふつうとされているが、ときには白い花のがある。東京付近には少ないが国によっては白いのばかりあるところがある。この白と黄とは全然別種で食用としては白の方がいい。白の方は葉が軟らかくていくぶん大きく野菜的になっている。もしこれを畑に培養して葉を大きくし軟化させて用いたら「サラド」用にもなると思うが実際に試みたということをあまり聞かぬ。西洋のたんぽぽは日本のとは別種であるが日本へも来ている。北海道にはこれが野生している。西洋ではこれを作って「サラド」用にしている。日本の黄色いたんぽぽも同じように培養すればいいものになるであろう。かく野草を培養して野菜に仕立てこれを食膳にのぼせることは興味深いことである。

釣鐘人参

山の麓などをたずねると釣鐘人参というのがある。これは花が釣鐘に似て根が薬用人参に似ているのでこの名がついたのである。また沙参ともいわれている。根も葉も食べられる。葉は茎が三、四寸のころに摘みおひたしにすると一種特別の香りがあって美味しい。日本の民間ではこの草をとどきといっている。これは古くからの名ではあるまいかと思う。信州地方ではこれを美味しいものの一つとして

山でうまいものはおけらにとどき
　嫁にくれるも惜しゅござる

という俚謡さえある。これを摘むと白い汁が出るが毒ではない。根は白く太く肉があるから土地の子供が生食する。

おけら

前の俚謡の中におけらというのがあるが、これは昔の和歌にうけらが花といわれている。東京付近の森の中にもある。葉に白い毛が生えているがかまわない。このおけらは蒼朮といって根を漢方の薬にする。

桔梗

前にいった沙参は植物学上桔梗科に属するのであるが、これと同属である桔梗もまた若芽が食用にできる。根は漢方薬になる。桔梗は草花として作るので、若芽はあまり食用にはしないが食べれば美味しいものである。

おらんだがらし

多摩川辺に行くと西洋草だが、おらんだがらしというのが水中に繁殖していることがある。これはWater cress（ウォーター・クレス）といい明治初年ごろに渡来したもので原産地は欧洲である。繁殖力の盛んなもので深い山中にまで生え込んでいることがある。日光湯元の奥の、蓼の湖という湖にまで繁殖しているのを見た。この草は通常西洋料理の皿に付けているが日本流には味噌汁の実、胡麻あえなどにして四時食用にできる。

野蒜

これもふつうの摘草の一つで、根をひいて酢ぬたあえにするのがいちばんうまい。これはねぎ、らっきょう、にらの類で似たような香りがある。根をらっきょうのように漬けて食べても美味しかろうと思う。

浜防風

もし海辺へ行く人あらば浜防風を採らるるがいい。これは相州房州などの海辺などには砂地にたくさん生えている。この若い葉を刺身のつまなどにする。紫色を帯びてすこぶる美味しい。八百屋にあるから八百屋防風の名がある。春の砂地を分けて葉柄やら茎やらを採ってきておひたし、三杯酢などにして食べるとまことに美味しい。昔から日本で薬用として防風といわれたものもこれであるが、じつは真の薬用防風は別なもので日本には野生はない。この浜防風は青い所よりも砂に埋まった白い所を賞味する。

つる菜

鎌倉海岸辺へ行くとつる菜というのがある。茎が蔓のようだからその名がある。春から秋にかけて繁殖するものであるが、暖かい土地などでは冬でも残っている。年中花が咲いている。この葉をひたしもの、汁の実などにして食することができる。これは胃癌の薬になるといって食する人があるが、実際は胃癌の薬とは異なっている。別に胃癌の薬になる植物があるのであるが、それに浜ちしゃという別名がありつる菜にもまた浜ちしゃという別名があるために誤られたものである。つる菜は種子を畑へ蒔くといくらでも繁殖する。四季いつでも繁殖してたくさんに採れる。あかざの葉のようで厚いのである。これが西洋人の注意を惹くようになったのには一つの話がある。昔ある船がニュージーランド付近を航海していたとき、船中野菜が欠乏して船員がみな壊血病に苦しんだ。このとき付近のニュージーランドへ船をつけてみるとこのつる菜がたくさんに浜辺に繁茂していたのでさっそくこれを採って食べたら壊血病がすぐ治った。爾来西洋人はこの草をニュージーランド・スピニジと呼んでいる。すなわちニュージーランド菠薐草の意である。挙げ来れば限りがないが、とにかく人に知られていない食用の野草がたくさん野外に萌え出でているのであるから、日かげうららかな春の野を愛づる人々は出でて大いにこれらの草を摘み、その食べ方をも新たに研究せらるることをお勧めしたい。ただ毒草を誤って採らぬよう注意せねばならぬから、なるべくは適当の指導者のあることが望ましい。女学校の先生などが日曜にでも生徒を野外に引率して摘草を試みるなどは非常に趣味深く、かつ知識を養ううえからいっても生きた野外の指導方法であると信ずる。

春の七草

春の七種《ななくさ》を書けと言う。ハイかしこまりましたとはうけ合うたものの時間さえあればいかようにも書けぬことはないが、じつ白状しますと頃日《けいじつ》どういうわけか用事輻輳《ふくそう》、一つ済めばすぐ次の一つ、また次の一つといっこうに際限がない。チットモ心を落ちつけて筆を執る暇がない。その暇のない間を工面して、苦しいけれどその然諾の義務を果たさねばならん。仕方がないから大かけ足でホンノつまらぬことを書いてその責を果たすことにしました。読んで興味を感ぜぬのは当り前でその辺どうぞご免そうらえ。七種についてのいろいろの前座講釈はこのところ抜きにして単刀直入植物のことに移ろう。

セリ

セリは水蘄で通常芹の字を使っているが、じつ言うと芹一字だけでは不徹底である。セリは原頭、山足などの水に生え、その白いヒゲ根を泥中に下ろしている。採ってみると白い根が多いので、ゆえに古歌にはネジログサと称えた。溝などの中をのぞくと早春から既にそのセリがいっぱいに繁茂している。古人はこれをのぞみ見てセリとは迫りこ迫りこして生えているからそれでそういうのだといっているが、果してそれが語原であるか否かなお再考を要するように思う。このように実際セリは常に密集して生えているが、考えてみるとセリにはそう生える原因が存している。セリの茎が立って梢に花の咲く時分前後、もう既にその茎の下部から四方八方に匐枝《ふくし》を引き長く泥面をはっている。その匐枝には多くの節がある。その各節から秋以後みな株をなして葉を萌出するので、それで溝いっぱいに繁茂するのである。つまり株が多数にできたのである。春にこのセリを摘む時分には、もはやその前年の匐枝は多くは既に腐り去っているから、そこでセリが一株一株の苗となって生えていることになる。

食うためにセリを摘むことは昔からすることであるから、古歌にはまたツミマシグサともいった。また万葉集に「君がため山田の沢にゑぐ採むと雪消の水に裳の裾ぬれぬ」という歌がある、このエグは人によりては今日いうクログワイだとしているが、その歌の意から見ればどうもこれはセリのことであらねばならないが、今日のところ私はセリにエグの一名あることを知らない。そしてかえって前記のクログワイにはエグあるいはイゴなどの方言がある。しかしこのものではここは都合がわるい。

セリの葉は分裂して多くの小葉となっている。すなわちいわゆる複葉である。柄本に葉鞘《はかま》があるが、これがこの属する傘形科《さんけいか》の特徴である。花は白くて小さく、夏に咲いて傘形花穂をなし、花後に小さい実が集まり、熟し落ちると仔苗が生ずる。それゆえセリは種子からも生えれば匐枝からも萌出し繁殖はなはださかんである。

セリの栽培したものはよく八百屋に売っているがみな葉柄がすこぶる長い。これは水田において密に叢生させて作るゆえ、上へ上へと延びてこんなに長くなっているのである。しかし野にあるものはカジケテ短いけれど香りはずっと高い。これを田ゼリと呼んでいる。

さて芹の字だがこれは靳と同じである。また菫とも同じである。しかるに今この菫を二様に使い、一つは水靳のセリであるが、一つは通常これを菫菜《きんさい》として別の一種に使っている。日本の学者はその一名を旱菫《かんきん》すなわち旱芹というもんだから、セリが陸に生えたもののように思ってこれをハタケゼリと訓じている。そしてじつは菫菜なるその本物を知らなかったのである。

右の菫菜なるものは支那、満洲、朝鮮には昔から圃に作って野菜にしていた。圃に作るから旱芹である。これは西洋にもあって西洋のものは前にはオランダミツバ（一にキヨマサニンジンという。これには一つの説話があれども今は略する）といっていたが、今日セロリ（Celery）といって西洋野菜の一つとなっている。そして学術上の名は Apium graveolens L. である。

菫の字は前に書いたとおりの芹の字と同じで、あるいはセリに使いあるいはセロリに使うべき字面であって、決してその他の植物に用うることはできないものである。しかるに世人はこれをスミレに使って平然としてスマシているのは滑稽至極で、ことさらわが無学無識を広告しているようなもんだ。もし世人がスミレを支那の名で書きたければ、よろしく菫々菜と書くべきである。そうすればまずはスミレとなるが、菫の一字もしくは菫菜の二字では絶対にスミレとはならないのである。

ナズナ

ナズナは薺であって植物学上では十字科に属し、ダイコン、カブなどと同科である。その語原は撫菜《なでな》の義で愛《め》ずる意ではないかと大槻文彦先生は書いていられるが、私はこれはなずむ菜の意で、その苗葉がクシャクシャと短縮し迫って叢をなしている状態に基づいたものではないかと想像する。

ナズナは春の七種の中で最も著名かつ代表的のもので、秋に早く種子から生じ野外や路傍や圃地などにたくさん見られる。冬の間あえて霜にも雪にもめげず平たく地面にへばりついてその深く羽裂せる根生葉を四方に拡げ、日当りのよいところに生えているものは暗褐色を呈しているが、日蔭の場所にあるものは緑色である。そして葉の下には白い直根があって地に入っている。葉の切れ方には二いろあってそれぞれ株が違っている。すなわち一つはその裂片が単に長楕円形であるが、一つは狭長で、そのうえ縁の本の方にいちじるしい一耳片が付いている。

右はどちらもナズナであって、前者をオオナズナといい、後者を単にナズナと称えて区別する。

けれども決して別種ではなく、共に花穂も花も果実も同じである。茎は緑色で枝を分かち、花は小さくて多数総状花穂に付き白色の十字花で、花中に四長二短の六雄蕋を有する。花がすむと三角形の短角果実を結ぶことは衆のよく知るところである。

右の果実はその恰好があたかも三味線の撥に似ているところから、この草をバチグサともペンペングサとも称する。「覚えていやがれそんな事をすりゃあ手前《てめえ》んとこの屋根にペンペングサを生やしてやるゾ」と勇み肌の江戸ッ子はよく文身体《いれずみからだ》の尻をまくって啖呵を切ったもんだけれど、じつは屋根の上にはあまりペンペングサは生えないものである。これに反してノミノツヅリ、ノゲシ、オニタビラコなどが最もよく生えるものだ。

ナズナを食するにはゆでてひたしものにしてもよく、あるいは胡麻あえにしてもよい、また油でイタメても結構だ。

オギョウ

支那の名は鼠麴草でキク科に属する。オギョウは御行と書くがこれをゴギャウというのはよくない。それゆえ五形と書くのは非である。ときには御鏡と書いてあるものもある。この草の本名はホウコグサというのだが、ふつうにはハハコグサ（母子草）と称えて今日はこれが通称のようになっている。しかしこれをハハコグサといい母子草と書くのははなはだよろしくない。人によると母子草とはふるき苗に若葉の添うて生ずれば母子という名も義《ことわり》である、などと唱うるはまったく牽《けん》強《きょう》附《ふ》会《かい》の説である。元来この草の名は母と子という意味から付けられたものではない。すなわちこの間違いの起りは文徳天皇御一代の歴史を書き集めた『文徳実録』の著者が一つの因縁話を仕組み、ホウコとハハコと音相近きをもって本来のホウコグサをもじって母子草としたのが始まりである。ゆえによく諸書に、母子草の名は『文徳実録』からだと書いてある。もしもこの名が昔からの本来のものであれば、なにも特に『文徳実録』を引き合いに出す必要は少しもないじゃないか。

ホウコの名は今日でもところによっては民間で唱えている。またところによってはホーコーともホーコグサともまたホンコともいっている。支那に蓬蒿、皤蒿、白蒿あるいは黄蒿などという草があるが、あるいはその名がふるく日本に伝わってホウコという名ができたではないかと幻想してみるも興味があるが、私の考うるところでは、ホウコの名はもっとずっと古くて何かの意味をもったものではなかろうかと想像する。

この草は早く秋に種子から生じ、茎が分れて短く地上に拡がり、たくさんな葉を着けて座をなしている。葉は狭長でその質が薄いうえに、白くて軟らかい綿毛が一面に生えそのために葉は白く見えている。

春から夏の初めへかけて数寸ないし一尺ばかりの茎が立って、梢に黄色の小さい頭状花がピッシリかたまって付く。その様子がチョット麹に似ているところから、ところによってはコウジバナの名がある。支那で鼠麹草というのも同じ意味で、それを鼠の麹に見立ったものである。また子供がたばこの真似をして遊ぶので、トノサマタバコの名が呼ばれる。

三月三日雛の節句には、そのときの草餅には昔は必ずホウコグサを入れてついたものだが、今日ではこの草を用うることはほとんどすたれふつうにはこれに代えてヨモギを用いている。しかるにここに面白いのは千葉県上総の土気《とけ》辺では今日なお昔のとおりホウコグサを用いることがのこっているとのことである。

ハコベラ

ハコベラはナデシコ科のハコベである。このハコベラはこの草の昔の称えであるが、今でも稀にこの古名をそのまま呼んでいる地方もある。国によるとアサシラゲともいわれる。支那名は繁縷であるがそれはこの草が容易によく繁茂するうえに、その茎の中に一条の縷《いと》すなわち維管束があるところからこの名が生まれたのである。

秋に種子から生え冬を越して春最もよく繁茂し、小さい白花が咲いて実ができる。花弁は元来五片であるが、その各片が深く二裂しているのでチョット見たところでは十弁のように見える。果実には柄がありそれが面白いことには花の済んだ後しだいしだいに下に向かい、成熟まぎわになってまた上を向きそのままで果皮が開裂し中から種子が飛んで出る。これはたぶんこの草が風に吹揺れる拍子に種子を果中から振り散らすのであろう。もし果実が下を向いたまま開いて種子が落ちたのではその行きわたる範囲が狭いので、そこで上を向いて開裂し種子をなるべく広い面積地に散布させようというこの自然の工夫は確かに一顧の価がある。

茎も葉も一様に緑色である。多数の茎は一株から叢出して四方に拡がり、梢に分枝して花を着けている。茎面には一側に一条をなして細毛を生じている特徴がある。葉は卵形で対生し葉柄がない。しかし下方のものは卵円形で葉柄がある。

世間ではこの草を金絲雀《かなりや》の餌にすることはだれでも知っているだろう。またこの草を焼いて灰となし、塩をまじえてハコベジオと称する歯磨き粉を製する。

この草はゆでてひたし物となし食べられるが、一種特別な風味があってすこぶる珍である。

一種ウシハコベというものがある。形もずっと大きくハコベよりおくれて花が咲く。花の大きさも形も同じだが花中に五本の花柱があるので、三本花柱のハコベとはこの点をみればすぐに区別がつく。このウシハコベは金絲雀にはやらない。

ふつうの人はハコベもウシハコベもいっしょにしてハコベと通称しているが、昔はまずそんな状態であって後世始めてこれを二種に区別したものであろう。書物にもその両者を混同して一つとなしたものがある。

ホトケノザ

小野蘭山時代頃よりしてその以後の本草学者は、春の七種の中のホトケノザをみな間違えている。これらの人々のいうホトケノザ、さらにそれを受け継いで今も唱えつつある今日の植物学者流、教育者流のいうホトケノザは決して春の七種中のホトケノザではない。右のいわゆるホトケノザは唇形科に属して Lamium amplexicaule L. の学名を有し、そこここに生えているふつうの一雑草である。欧洲などでも同じく珍しくもない一野草で、自家受精を営む閉鎖花のできることで最も著名なものである。日本のものも同じく閉鎖花を生じ、その全株みなことごとく閉鎖花のものが多く正花を開くものはわりあいに少ない。秋に種子から生じ、春栄え夏は枯死につく。従来の本草者流は、これが漢名（支那名の事）を元宝草といっているが、これは宝蓋草（一名は珍珠蓮）と称するのが本当である。この草が春の七種中のホトケノザではないとすると、しかればその本物はなんであるのか。すなわちそれは正品のタビラコであって、今日いうキク科のコオニタビラコ（漢名は稲槎菜、学名は Lampsana apogonoides Maxim.）である。このコオニタビラコは決してこのような名で呼ぶ必要はなく、これは単にタビラコでいいのである。現にわが邦諸所で農夫らはこれをタビラコとそういっているではないか。このキク科のタビラコが一名カワラケナであると同時に、さらに昔のホトケノザである（すなわちコオニタビラコ［植物学者流の称］＝タビラコ［本名］

＝カワラケナ〔一名〕＝ホトケノザ〔古名〕）。

この今名タビラコ古名ホトケノザはわが邦諸州の田面にふつうで、秋に種子から生じ早春にようやく繁茂し春たけなわにして日光を受け、競うて小なる黄色の頭状花（舌状花よりなる）を開きすこぶる美観を呈する。草状はタンポポをごく小形にしたようにその羽裂葉を四方に拡げ、柔らかくして毛なく、さも食っていいような質を表わしている。ゆえに農家の子女などは往々タビラコあるいはタビラッカを採りに行くと称して田面に下り立ち、それを採り来たりて食用に供することがある。その田面に小苗を平布し円座を成した状があたかも土器《かわらけ》を置いたように見ゆるから、それでこれをカワラケナといったものであろうと思う（まさか毛がないからではあるまい。ハハハハ）。またその苗が田面に平たく蓮華状の円座を成している状を形容して、これをホトケノザ（仏の座）と昔はいったものと見える。また苗の状から田平子《たびらこ》、すなわち田面に平たく小苗を成しているのでそこでタビラコという名ができたといえる。もしタビラコという名が田平子なる字面どおりの意であったなら、このキク科のタビラコこそ最も適当なものであるが、しかし今日いうところのムラサキ科のタビラコはすこぶる不適当のものである。なんとなればこの草はふつうに田面には生ぜず常に田の畦とか路傍とかまたは藪際とかの、むしろ乾いた地に生えているからである。そしてまたその葉はあまり平たく地についてはいない。しかるに世人はこのムラサキ科のいわゆるタビラコ（すなわち学名を Trigonotis peduncularis Benth. と称する）を本物と間違えみだりにこれを春の七種の一つだととなえスマシ込んでいる。またそういうようにはじめて俑《よう》を作った人は『本草綱目啓蒙』の著者の小野蘭山である。大学者の蘭山がそういうのだから間違いはないと尊重して、それから後の学者は翕然《きゅうぜん》として今日にいたるもなおその学説を本当だと思い、この誤りを踏襲してやはりその名でその植物を呼んでいる。蘭山がいくら偉いと言ってみたところでたかが人間だ、神様ではない、千慮の一失も二失も確かにあるよ。このタビラコ問題も蘭山にとってはまさにその一失である。蘭山がなにゆえにそれを間違えたか、これは恐らくは蘭山がそれを実地に試食してみなかったせいだろうと思う。もし一たび食ってみたなら、それはわれわれと同じような結論に達したに違いなかろうが、ただ、けだし衆芳軒の書室の机の上で想像してきめたであろうから、そこでこんな間違いを千載の下にまでのこすようになった次第だと思われる。蘭山のようにこれをタビラコだと信ずる人は、まあ一たびこれを煮てひたしものにでもして食ってみたまえ。細やかではあるが葉にたくさんな毛が生えて、毛の本に硬い点床（ムラサキ科の植物にはふつうそれがある）があってのみ下すときそれが喉をこすっていって気持のわるい感じがする。そんなものをしいて好んで食わなくても、そのお隣りに柔らかくておいしそうな本当のタビラコがウントコサあるじゃないか。常識から考えたって直ぐ分かることだ。学者は変にムズカシク説を立てねばならぬものと見える。私はこのムラサキ科のものを絶対にタビラコと認めぬゆえに、新たにこれに贋《にせ》タビラコの新称を与えておいたがその後それにキュウリグサの名があることを知った。これはその生《なま》の葉を揉めばキュウリ（胡瓜）の香りがするからである。

また今日世人が呼ぶ唇形科者のホトケノザを、試みに煮て食ってみたまえ。うまくないものの代表者はまさにこの草であるということが分かる。しかししいて堪えて食えば食えないことはなかろうが、まあ御免こうむるべきだね。しかるに貝原の『大和本草』に「賤民飯ニ加エ食ウ」と書いてあるが怪しいもんだ。こんなまずいものを好んで食わなくても、ほかにいくらも味のよい野草がそこらにザラにあるではないか。貝原先生はこれを「正月人日七草ノ一ナリ」と書いているるがこれもまた間違いである。そうかと思うと同書タビラコの条に、「本邦人日七草ノ菜ノ内仏ノ座是ナリ、四五月黄花開ク、民俗飯ニ加エ蒸食ス又アエモノトス味美シ無毒」と書いてあって自家衝突が生じているが、しかしこの第二の方が正説である。同書にはさらに「一説ニ仏ノ座ハ田平子也ソノ葉蓮華ニ似テ仏ノ座ノ如シソノ葉冬ヨリ生ズ」の文があって、タビラコとホトケノザとが同物であると肯定せられてある。そしてこの正説があるにかかわらずさらに唇形科の仏ノ座を春の七種の一つだとしてあるのをみると、貝原先生もちとまごついたところがあることが看取せられる。唇形科品のものをホトケノザというときはタビラコのホトケノザと混雑し、すこぶる不便を感ずる。それゆえ右の唇形科品のものはこれをカスミグサと通称するようにしたらいいと思う。このカスミグサの名は江戸の俗称で、この草が春霞のたなびく頃に咲きいずるからそう呼ぶのだとのことである。しかしなおその他にホトケノツヅレ、トンビグサ、カザグルマ、サンガイグサ、シイベログサの数名がある。前に記したタビラコの稲槎菜は支那でも野人がこれを食することが『植物名実図考』に見えていて、「郷人茄之」だの「吾郷人喜食之」だのの語が記してある。

要するに、春の七種として今世間一般にいっている唇形科のホトケノザを用うるはきわめて非で、これは誤認のはなはだしいものである。たとえ小野蘭山がそうだといっていても、それは決して正鵠を得たものではない。七種のホトケノザはキク科植物の一なるタビラコの古名である。このタビラコは飯沼慾斎の『草木図説』にコオニタビラコとしてその図が出ている。前にもいったように、これは支那の稲槎菜でその図が『植物名実図考』にある。すなわち日本ではタビラコ、支那では稲槎菜である。人によりゲンゲバナ（レンゲソウはこの植物本来の名ではない）をホトケノザと称すれどこれは非である。タビラコの和名はキク科のものが本当で、ムラサキ科の品はにせものである。このにせものをタビラコの本物と吹聴したのもまた蘭山である。蘭山はじつにこの二つの誤謬をあえてしている。

スズナ

カブすなわち蕪菁を七種に用いるときの特称。

スズシロ

ダイコンすなわち蘿蔔を七種に用うるときの特称。

有毒植物について

一

世人一般に、有毒植物と聞けば非常に恐ろしいもののごとく思うており、もし誤ってこれを食いでもすれば、すぐにも生命がなくなるよう考えているが、しかし有毒の植物でもその毒分が強烈なものは、食する後に生命を落とすものがあるが、みながみなまでそのようになることはない。食後生命を落とすほどの有毒植物は、全体の有毒植物から見ると、そうたくさんあるものではない。わが邦でも有毒植物の数はずいぶんたくさんあるが、その中で最も危険なものは菌類《きのこ》の多数と、どくうつぎ、どくぜり、しきみ、とりかぶとの類くらいなものである。中には吾人が日常有毒植物を食用になしおるものもあって、世人はこんなことを聞けば驚くであろうけれど、しかしそれは事実である。諸君はさといもを食い、こんにゃくを食い、なすびを食い、またじゃがいもを食うではないか。または山民は、ときにはまんじゅしゃげ（ひがんばな）の鱗茎を食うものがある。これらは食うとき、その毒分を除きて食物とするゆえ、食うても少しもその毒にあたらない。植物に毒分のあるのはその分量にいろいろあるゆえ、有毒植物の名があっても、中には恐るるに足らぬものがたくさんある。植物体の中に少量でも毒分があれば、それは有毒植物の範囲に入るわけゆえ、有毒植物の中には劇毒のものもあれば、微毒のものもありて一様ではない。吾人はこれらを総称して有毒植物と言うのである。それゆえわが日本でも有毒植物の数ははなはだ多数にのぼっている。

改正前の文部省の読本に有毒食物として、たがらし、きんぽうげ、きつねのぼたんが図まで入れて載っておったが、これらの植物をかくもれいれいしく、このように出すにはおよばないと私は思うた。たがらし、きんぽうげ、きつねのぼたんは有毒植物内のものではあるけれども、その毒分はさほど烈しいものでなく、もし誤って小児がその葉片花果をちょっと食ったとしても、なにも心配するほどのものではない。のみならずこの三種のごとき雑草は、たとえ通常路傍などにあるとしてもさほどその花は綺麗でもなく、その果実が派手やかでもなく、また茎葉が立派でもないゆえ、そう小児等の注意を惹いて始終これを採りてもてあそぶようなものでない。またその中のきつねのぼたんの果実はこんぺいとうのような球をなすゆえ、ちょいちょい小児に摘まれてたまには口に入れてみるけれども、嚙みつぶせば味わい辛きゆえ、すぐに口よりはき出し、一度このような目にあえば、またと再び小児でも口には入れぬのである。右のような有様ゆえこれらの植物をことごとく読本に載せるにはおよばぬことで、ことにこれらのごときそう危険のなき植物をも、危険なる植物のように見せて、そら、手を触るべからずだの、口に入るべからずだのということは必要のないことである。またそれのみならず、毒があるといえばふつうにすぐにでも命を失うように一般に思っておるものゆえ、さほど危険のなき植物を毒があるから採ってはならん、触れてはならんと小児を恐がらすのははなはだよろしくない。一面に自然物の観察を奨励しながら、一方にこんなつまらぬことを言って小児に恐い思いをさすのは、いっこうにわけの分からぬことである。さほど危険のないものを、危険なるもののごとく言うのは慎むべきことである。

もしここに、ぜひに有毒植物を入れねばならぬことなれば、自ら選定すべき品がある。それはなんであるかと言うと、どくうつぎ、しきみ、どくぜりの三種である。この三種の植物には、実際に劇しき毒があってよく人を殺すのである。年々その時期になると、小児がどくうつぎの実を食って死んだとの記事が新聞紙上に見えていることが少なくない。実際にこんなことがあるから、これらの植物をあらかじめ、よく小児にも知らしめて、警戒しておく必要が大いにある。どくうつぎは、国によっていっさいないところもあるが、またあるところになるとやたらにある。花は見るに足らぬものであるが、その穂をなしてふさふさとせる実はじつに美麗なもので、その赤き色をして緑葉間に下がりたるところはだれが見てもまことに立派である。かかるところに小児が出会ったらなんでこれを見逃そう。直ちにその実を採り、そのうちにこれを口に入れてみる。甘い、また口に入れて食う。その甘いはその花弁が果実のとき増大して多汁となり、これが真正の果実を包んでいる。この汁が甘い。ちょうど桑の実の甘さは萼片の増大宿存して多汁となり、この汁が甘いと同様である。これを食いし小児は家に帰って後、大変が起こるのである。またしきみはその果実が肉となりて酸味ある液を含み、さも食えそうになっているところを小児が見付け、往々これを食してその毒にあたり死せる例が乏しくない。またどくぜりは繖形科の品ゆえしたがってせりの香気があり、また葉は大なれども、せりの様子をしておりそのなお伸長せぬ茎は筍の形をなしてこの部も香りがある。ゆえにときとしてこの筍のごとき所をあぶりて食うて、その毒にあたり死することがある。この三品はこのように強烈なる毒があるうえに、その果実などが小児の注視を引くようになっており、また山野路傍に見かける植物ゆえ、こんなものこそ早く小児にも教えて、その恐るべき毒のあるものたることを知らせおくべきである。

「一般の有毒植物は秋冬に枯れ残りたる茎・根にも毒あるものなりや」。それは種々であって一様ではない。枯凋しても依然として毒分の残りおるものもあれば、枯れたれば毒のなくなるものもある。

二　秋の有毒植物

「秋の有毒植物」の主なるものを左に挙げてみよう。

さじおもだか、へらおもだか　この二つはおもだか科の中で、水中または湿地に生ずる。さじおもだかはその葉は楕円形であるが、へらおもだかは狭長である。花穂はともに疎なる円錐状をなし、小花を開く、三萼片三花弁がある。さじおもだかの花は淡紅、へらおもだかの花は白い。

まんじゅしゃげ　一名**ひがんばな**　田の畦、川の堤などに多く、または墓場にも生ずる。茎直立し上に深赤色の数花を着く。花のとき葉がなく、花がすんで後長き葉が出で三、四月頃に枯るる。根は球形の鱗茎をなし外面は黒い。ひがんばな科に属する。

くわずいも　一名**いしいも**　一名**どくいも**　わが邦では四国の南端、九州の南部、琉球、台湾に生ずる。葉はさといもに似ているが全然緑色で、質はやや硬い。茎が地上に立っているが、これがふつうのさといもの地中の球茎と相当する所である。てんなんしょう科に属する。

やつで　うこぎ科の品でふつうに庭園に栽えられ、衆のよく知りたるものである。有毒植物のうちのものであるとある書に出ている。

つりふねそう　ほうせんか科の品で、山足の地等に多く紫の花を開き、花に大なる距《けづめ》がある。これに似て黄花を開くきつりふねにも毒分がある。

なんてん　めぎ科に属する。ふつうに庭に栽えられてあるが、また野生もある。

つげ　つげ科のもので常緑の灌木である。葉が対生して全辺であるゆえ、鋸歯ある互生葉を有する。いぬつげと直ちに区別ができる。材を印材に使用することは衆のよく知るところである。

まゆみ　にしきぎ科の落葉小木で、葉は対生し花は淡緑色、果実は下垂し四稜あって淡紅色に熟し、のち開裂して赤色の仮種皮をまとえる種子を出す。

おなもみ　きく科で廃地に生ずる大形の一年草である。葉は広くて互生し、頭状花は一株のうち雌雄に分れ、雌花は楕円形をなして刺をこうむる。内に二小花を容る。

めなもみ　きく科で廃地に生ずる大形の一年草である。葉は広くて対生し、頭状花はその総苞片ならびに外部の穎状苞に腺毛がある。

あおき　みずき科に属せる常緑の灌木で衆のよく知るところである。雌雄別株で諸所山地の樹陰に自生している。

とうごま　たかとうだい科に属する一年生の大草本である。その種子より搾取する油はいわゆる蓖麻子油《ひましゆ》である。

さふらん　あやめ科の外国産で、紫色の美花を開き花中より黄赤色の花柱を出す。地中に球茎があって葉は花後に出で痩長である。学名は Crocus sativus L.

はぶそう　まめ科の一年草で葉は羽状をなし花は黄色である。せんなの一種で外国より来たりたる品である。

とりかぶと　うまのあしがた科で通常庭に栽えられ花を賞せられる。葉は分裂し、花は梢頭に集まり鮮紫色をなしてすこぶる美麗である。偏形花で一片帽状をなしている。これらはみな萼片であって花弁は大いに変形し、帽内に奇形をなして立っている。その数は二本ある。

やまとりかぶと　とりかぶとと酷似すれども、茎は痩せて長く垂れ横斜し、花はやや小形で紫色が浅い。山地に生ずる。

はなづる　やまとりかぶとに似て茎は長き蔓をなしている。

みやましきみ　へんるうだ科の常緑灌木で山中に生ずる。雌雄別株で、雌株には梢頭葉間に穂をなして赤実をつづる。葉はしきみの葉に似れども細油点あるゆえただちに区別ができる。

もんたちばな　みやましきみの変種で、葉の広き品である。通常庭園に見らるる。

うちだしみやましきみ　みやましきみに似ているが、その葉の主脈が上面陥凹して溝をなし、下面はその反対に筋ばりて出ている。房州の清澄山に産する。

ちょうせんあさがお　なす科の一年生の大草本である。葉は角ばりて広く、花は白色で大形である。花冠の筒はすこぶる長い、果実は球形で刺がある。熟すれば不ぞろいに開裂する。この種、いまどき内地では絶えてなくしてわずかにある有様である。

ようしゅちょうせんあさがお　同じくなす科の一年生草本で、往々廃地に自ら生じている。葉は稜がある。茎も葉柄も紫色を帯びている。花は三寸内外で淡紫色を呈し、果実は卵形で刺があり、熟すれば果皮が四片に開裂する。いまどき世間に多く、たいていの人はこれをちょうせんあさがおと呼んでいるが、それは誤りである。

しろばなようしゅちょうせんあさがお　ようしゅちょうせんあさがおに酷似しているが、違う主点はその葉も茎もまったく緑色で紫色をまじえぬことと、花の白きことである。

ひよどりじょうご　なす科の多年生蔓草で、茎葉に細軟毛を生ずる。葉は互生しふつうに下部に鈍裂片がある。葉柄は往々他物に一回巻きつきてわが茎を支えている。花は白く小さく、実は球形で赤い。

たばこ　なす科の品で衆のよく知るところである。

はだかほおずき　なす科の多年生大草本で、茎は粗大緑色、葉は広く、花は短き鐘形で黄色を呈し、果実は下がりて球形で赤い。山足の地などに生ずる。

いらくさ　いらくさ科の多年生草本で、いたいたぐさとも称する。その毛に刺さるると痛いからである。その毛が人膚に触るるとその尖頭で刺し、次にその尖頭折れてそれより出る毒液が瘡口《きずぐち》へ入るからはなはだ痛い。葉は対生し花は穂となり雌花雄花がある。

毒草と食用草の見分け方

毒草と食用草とを、ただちょっと外観から区別するということはなかなかむずかしいことである。かくかくのものが毒草でありかくかくのものが食用であるというように共通せる外観があれば、通俗的に見分けることが容易であるが、そう一定した標準がないのであるから、確実にいえばやはり植物学を学んでどれが毒草、どれが食用草と、いちいち機械的に覚えるより仕方がないのである。

しかし綿密にいえば、毒草には多少は共通点がないでもない。それは臭・味・色などで、たとえば摘んで臭いを嗅いでみると、一種の不快の臭いがあるとか、茎をちぎってみると妙な色の汁が出るとか、噛んでみると不快な刺戟性の味があるとかいうようなことである。そういう不快な感じのするものは、人が好んで食用にするはずがないから、自然食用草にはそういうものはないわけである。それゆえまずいやな感じのするものは用いないということにすれば、比較的安全である。

けれど毒草の中にも、稀には色も臭いも味も別だん変りのないものがあるから油断ができない。

たとえばとりかぶとなどべつに悪い臭いもないし、茎から妙な汁が出るということもない。味はもし根を掘って味わってみれば刺戟性があるであろうが、茎などを嚙んでみてもべつに変わった味はない。ふつう摘草にいった人が、いちいち根まで掘って嚙んでみるようなことはしないから、ほとんどどの点にも変わりはないように見えるのである。けれどこれは強い毒分を含んでいて生命を奪われるのである。かつて東北地方でしとぎ（和名もみじがさ）という食用植物が、その生え出しがこのとりかぶとによく似ているところから、誤ってとりかぶとを食し生命を失ったということを、新聞紙上で見たことがあった。それであるから単に臭・味・色に変わりがないからといって、絶対に安全とはいわれないのである。

いったい毒といっても程度問題で、人間の健康の平安を害するものは毒である以上、たとえばとうがらしなどでも、多く用い過ぐればやはり毒になるのである。また茄子の種類の中にも毒のあるものもあり、ふつうの茄子にも多少の毒分があるようである。ゆえに茄子を煮る前に、皮をむいて水につけて充分にあくを抜けば毒分を去り、味をよくするのである。じゃがいもなども芽立ちのところには毒分があるので、昔からじゃがいもの芽は食べるなといわれているのである。これも煮る前に一、二時間水につけておくと、刺戟性がなくなって味がよくなるのである。さつまいものように生で食べられないのはこの刺戟性を帯びているからである。里芋も毒分があるから、生ではとてもえごくて食べられない。その他こんにゃくいもなども生で嚙んだらとても辛くて仕方がない。それが製造されるうちに自然に毒分が去られるのである。まんじゅしゃげ（一名彼岸花）なども毒草であるが、あれの球根を採って搗《つ》き砕き、袋に入れて幾日も水にさらして毒分を去り、餅に入れて食用にするところがある。これを食用にして米を節約し、大いに経済を豊かにした農夫が土佐の新改村にあったと聞いている。

かくのごとく毒草も用いようで食用になり、食用草も場合によっては毒になることもあるのである。薬品などには毒草を利用したものが多いのである。

がいして草の類では、人が誤り食して死んだという例が少ないようであるが、茸では毎年幾人かが死んでいるようである。また草でなくても、実で危険なものがたくさんある。毒うつぎなどは赤い実がふさふさとなり下がっていて、熟すると少し黒みを帯び、口に入れると甘いので、子供などがよくとって食べたがるものであるが、これも生命を奪われるから注意しなければならぬ。相州平塚、大磯付近、箱根近辺、房州等にたくさんあるが、これはよほど警戒しないと危険である。

それからお正月頃によく毒芹を市中で売っていることがある。先日も神戸で売っているのを見たが、毒芹（一名大芹）の地下茎は、はじめ筍のような形をして緑色をしたたいへん美しいものである。水盤とか鉢などに植えて床の置物にすると非常に雅趣のあるものである。みだりにこれに水竹牡丹という名をつけて売っている。そしてこれを植えておくと牡丹のような花が咲くなどといっているが、それは偽りである。茎が立つと三、四尺余になり、それから枝が出て胡蘿蔔のような花が咲くが、べつに美しい花ではない。右の筍形の地下茎へはまた延命竹、萬年竹、鳳凰竹などと芽出たい名を付けていることがある。徳川時代には武州の千束の池にこの毒芹がたくさんあって、植木屋がそれを採っては市中に売りに出たものである。そのときにはこれを花わさびと呼んでいた。わさびにも似ているからである。それを麴町のある商人が買ってわさびのように食べられるものと思い、わさびおろしにして食べたところ、しばらくすると臓腑をくつがえすがごとく覚え苦痛に堪えず、全身紫色になって死したという実話がある。信州にもこれがたくさんある。香りが芹のようでちょっと美味しそうに思われるので、あるとき乞食がこれを焼いて夫婦で食べ死んだという話もある。この毒芹は売っていても買わないようにして、あやまちのないようあらかじめ警戒せねばならぬものである。

もう一つ警戒せねばならぬものに、しきみの実がある。しきみはよくしばしばのことで、仏に供えるために秋の彼岸にたくさん出るものであるが、この実は少し酸味があるので子供などがよく口に入れたがる。明治初年に、上野公園にあったしきみを子供が食べて、毒にあてられたことがある。いったいに子供はよくなんでも口に入れたがるものであるから、子を持つ親はよほどこれらの植物に注意しなければならぬ。

わが国の教育程度がもっと進んで、一般の人が植物についてもこのくらいの知識を備えているようにならなければいけないと思う。しかしこれは学者の方にも罪がある。学者が自分の豊かな知識で子供達にでも分かるように種々の植物を図説して、一般家庭の読物として供給すればよいのであるが、これを怠っているから一般の人があまりに無智で、そのために危険にあうことが多いのである。

ツバキ、サザンカ、トウツバキ

ツバキ

ツバキはどんな人でもよく知っている花木である。それは常磐木で四時青々としており、かつ葉が広く滑沢で艶があるから、その繁った葉ばかりの木を眺めてもりっぱであり、そのうえその緑葉の間に咲く花が大きくて色が鮮かだから、それで一般だれにでも愛好せられる。

ぜんたいツバキとはどういう意味でかく呼ぶかと言うと、これは葉が厚いからアツバキという意で、そしてそのアがとれたものだといわれる。また一説にはこれは光葉木《テルバキ》で、そのテルが縮まるとツになるのでそれでそういうのだともいわれている。さらにまた一説では、たぶんそれは艶《ツヤ》葉木《バキ》の意で、それがツバキになったものだといわれている。そして右の二説はともに葉の光沢に基づいたものである。

ツバキは暖かいところにばかりあるかと思うと決してそうばかりとも限らなく、わが邦の北へいけば青森県にも秋田県にもあって自生している。秋田県で私の見たのはかなり高い山地に育っていた。しかしそこではなかなかよく茂っていたけれど、丈はあまり高くはなかった。わが邦南方の暖地ではなかなかさかんに茂っていて、かつその分量もたくさんだしまたその丈も高く、中には幹のなかなか大きなものもある。

このように山野に野生しているものをヤマツバキともヤブツバキともいい、花は一重咲きでその色はいずれもただ一色の赤いのばかりであるが、しかし白色のものまたは淡紅色のものも見つからぬでもなく、それはごくごくまれでめったには出会わなく、たいていはどこへいっても赤色花の品ばかりである。

このツバキは春に花がすんで秋になるとかなり大きな円い実がなる。すなわちツバキの実で、国によりこれをカタシと呼んでいる。秋が深けてくるとその実が裂けて、中から大きな黒い種子が出て地に落ちる。これを拾い集めてそれからしぼり取った油がいわゆる椿油である。通常婦人の髪につけて賞用するが、この油はまたテンプラ揚げに用いても上乗である。

野生すなわち自然生のツバキは、上のように花色が赤の一種でまた葉の状態も一様だけれど、人家に栽えてあるツバキは花も多様で葉もまた往々異形がある。かのヒイラギツバキ、キンギョツバキなどは葉の変わった品であり、また斑入りの葉のものもある。また花はだれでもよく知っているようにその色に赤、白があって、それに濃き淡きの差があり、また斑駁になったもの、条文になったもの、星点になったものなど一様でなく、また花に単葉もあればあるいはいろいろの度合いの重弁もあり、そしてまた花に大小がある。これらはたいていみなツバキ持ちまえの花の型を有してその花弁の底があい連合しているから、花が謝するときはそれがボタリと地に落ちるが、中にはチリツバキと称して花弁がバラバラになって散るものもある。また雄蕋が弁化したものなどもあってじつにその様子が千状萬態で、これらの園芸的品種をかぞうるときは百も二百もあるというわけです。

これらのたくさんな品種はみなそのもとは前に記した単純なヤマツバキから出たもので、永い歳月の間人手にかかりて栽培せられているうちに、変り品が一つでき二つでき、それからだんだんに種々新しい変り品が殖え、ついに今日のような多数の品になったものです。まだこれからでも人工媒助によっていろいろの新しい品種を作ることができるわけだが、それは園芸家の技倆にまつべきものである。

往時にはツバキを熱愛し大いにその品種を蒐集した人もあったであろうが、今日では特にこれを嗜好する専門好事者がないように思う。それゆえそのいろいろの品はまずこれを植木屋の方面で見るよりほか途がないように思われる。しかしこれはなんとなくもの足りない感じがある。なにを言え、ツバキはわが日本の名花で、あのとおりの美花を開き葉をあわせて大いに観賞せらるべき資格を備えたものであってみれば、だれか大いにこれを集め楽しむという人が出そうなものだがと、じつはこの東洋に著名な花木のためにひそかに希望して止まないのです。日本国中にあるあらゆる品々を集めて一つのツバキ園を作る人はないでしょうか。もしそれを実行する人があったとしたら、確かに世界に誇るにたる日本人のツバキ園を作ることができるわけです。例えば一山を全部一体のツバキ園としたら、それこそ後世にものこるツバキの一大名園となるであろう。ツバキは栽培も容易であるから、思うほどの手数もかからずにこれを経営することがやすやすできると私は信じている。

ツバキがあまり世間ふつうの品となっているため、あまり人々の注意をひかぬようではあれど、考えてみるとツバキほどみごとな花を開く木は少ないでしょう。そしてその小さい一、二尺の小木でさえも容易に大きな美花が咲くではないか。そしてそれが常緑の葉とあい映じて開くという立派さ。ちょっと他に類のない花木である。さればこそ西洋人はツバキにたいへんな趣味を持ち、もうずっと昔にたくさんな苗木を欧洲に移植し、それを図説したりっぱな書物がとっくに出版せられており、その書価も百円以上で日本はとんと顔負けがしている。

日本にも昔からツバキを写生した図はないでもなく、中にはなかなかみごとなものもあるが、しかしそれを出版してツバキ国の体面に恥じない大きな書物としたものはまだ一つもありはしない。ツバキの本国であり、東洋で誇る花でありながらこんな有様ではまことに残念しごくで、ツバキはきっと世人の無情をかこちて泣いているでしょう。

ツバキは支那にもあって、同国ではこれを山茶《サンチャ》と称する。それはその嫩葉を茶となして飲むことができるからそういうとのことであるが、日本ではそんなことはいっこうにしない。日本の昔の人は支那の海石榴をツバキの漢名だとしているが、この名は単にツバキ中のある品をさす名でツバキ全体を代表する名ではなく、これを代表する漢名は前の山茶である。

ツバキを通常椿として書いてあるがそれは漢名ではなく、これは日本人の製した和字であるということを知っていなければならない。それはかの峠だとか榊だとかまたは働だとかいう字と同じで、もとより支那の漢字ではない。ツバキは春にさかんに花を開くのでそれで木偏に春を書いてこれをツバキとよませたもので、これは草冠に秋を書きその萩の字をハギとよませたと同趣である（萩の字は支那にもあれど、これはまったく別の意味の字で、ただ字体が同じいばかりである）。それゆえ椿にはじつは字音というものはないはずだが、しかしそれをしいて字音でよみたければ、これをシュンというよりほかいたし方があるまい。

しかるに世間では、ツバキのときの椿をもチンと発音して呼んでいるのはとても滑稽で不徹底で、いわゆる認識不足というやつです。これは昔の人、いや学者が椿の字については味噌も糞もいっしょにしている結果なんです。

椿の字はむろん支那の植物にもある。その植物は今は日本にも来ていて諸所に植えられてある樹で、わが邦ではこれをチャンチンとよんでいる。全体どういうわけでそれをチャンチンというかと言うと、これはじつはヒャンチンの転訛でもと香椿《こうちん》の支那音である。それならばなぜ椿を香椿というかと言うと、この椿に類似した支那の樹に樗《ちょ》というものがある。この樹も今日本に渡ってきて、これまた諸所に見られ、初めはこれを神樹といっていたが、今日はニワウルシと称している。この樗の方の嫩葉はくさくてふつうには食用にはしないが、椿の方はそれほどでなくまずまず香気があってその嫩葉が食用になる。それゆえ樗《ちょ》の方を臭椿《しゅうちん》といい椿《ちん》の方を香椿《こうちん》ととなえて区別しているが、その香椿の支那音がヒャンチンなんです。前に記したようにそれを日本ではチャンチンといっているのである。

このチャンチンの椿《ちん》は落葉灌木で大なる羽状葉を有し、梢に穂をなして淡緑色の細花を綴り、ツバキとは似ても似つかぬ樹なのである。この樹の名の椿の字をツバキの和字の椿の字と同一にみて、ツバキの方の椿をもチンと発音しているのは、とても間違いのはなはだしいものである。

昔のある有名な一学者は椿（チャンチン）の日本の古名にタマツバキという称えがあるから、それで椿（チャンチン）の字をツバキに誤用したといっている。まだそのうえにこの椿（チャンチン）はわが日本に昔から多いものだけれど、昔の人はそれを知らないで、それでわざわざ支那から椿の苗木を取り寄せ、これを山城宇治の黄蘗《おうばく》山萬福寺へ植えたと言っている。かくそれを黄蘗山へ植えたということは事実であれども、その他のことはたいへんな間違いで、椿（チャンチン）は絶対に日本に産せぬから、昔からわが邦にあるわけはなく、したがってその樹に対するタマツバキの植物の名が古くから日本に存するはずがない。

今からおよそ二百七、八十年ほども前の寛文年間に、初めてこの椿（チャンチン）がわが日本へ渡り来たり、前に記したように初めこれを黄檗山萬福寺へ植えたといわれる。そして同寺では一時チャンチン料理があったと伝えられている。それからのちこの樹が漸次に諸国に拡まり、今は諸所にこれを目撃するようになっている。大した功用のある樹ではなく、わが邦ではだれもその嫩葉を食うものはなくいたずらに人家に植えてあるにすぎないところが多いが、越後ではこれを稲掛けのために植えてあるのを見受けたことがある。この樹はよく根元から芽を吹くものゆえ、その分蘖《ぶんけつ》によって容易にこれを繁殖さすことができるのである。嫩葉は紫色で、初夏枝頭にそれが芽出つ際はその観大いに他樹と異なっている。

この樹をチャンチンというのほか、これを植えておくと雷が落ちぬとてカミナリノキ、幹が高く直聳しているのでクモヤブリ（雲破り）あるいはテンツヅキ（天続き）の名がある。また葉がよく高い梢上に繁って日光を遮るのでヒヨケノキ（日避けの木）の名もある。なおシロハゼ、ユミギ、ナンジャノキなどの方言もある。

ツバキを賞讃して八千代椿ととなえるわけは、支那に『荘子』という書物があってその書中に「大椿ナルモノアリ八千歳ヲ春トナシ八千歳ヲ秋トナス」（もと漢文）の語がある。それで昔の人が、八千歳の長き春を保つとこの書にある大椿をわが椿《ツバキ》と同視し、かく支那の椿へわが椿を継いで、そこで八千代椿の合作名をこしらえたものである。この名はまことにめでたい名なんだから、さらに讃美のことばをあらわす玉椿の名もできたわけだ。この八千代椿もまた玉椿も実際はツバキの植物名でもなければまた椿（チャンチン）の植物名でもなく、これはひっきょうただ文学的に生まれた名称たるにほかならないのである。

先年私が紀州へ旅行したとき、新宮《しんぐう》の町の店さきにツバキの生葉を十枚ずつくくって売っていたのを見たので、それは何にするかと聴いてみたら、これはその葉を巻いてその一方の端の方に刻み煙草を詰め、ちょうどシガーレットのようにそれで喫煙するのだとのことであった。そして私はその原始的の有様を見てたいへんに面白く感じた。

鹿を山へ放つと、他の木はそうではないが、鹿は特にこのんでツバキの木の皮を食うのである。安芸の国の厳島（宮島）の山林中へ入っていくと、そここにこの鹿が食ったためその木の本の方の樹皮がひんぴんとして傷害せられたものに出会う。全体それは鹿がどういう原因でかくもツバキの木の皮をのみ好むかとの問題を前に控えて、その解決はなんでもないことだ。それは鹿が山を飛びまわって口が乾くから、ツバキを食ってツバキ（唾）をこしらえるためであるというのは、これはただ思いついた一場のシャレでござい。こんなシャレが出るようになってはもはやまじめな話もだめだからツバキの話はこのへんで断然切りあげましょう。

サザンカ

ツバキと姉妹の品にサザンカがある。これは庭園に植えられてある常緑の花木で、衆花すでに凋謝した深秋の候美花をひらくから、すこぶる人々に愛好せられている。

この木もまたツバキと同じく日本と支那との原産である。わが邦では四国、九州の暖地山中に自生の木があって一重咲きの白花をひらくが、人家栽植の品には花色に種々あり、花形に大小がある。葉もまた家植品は総体に広くて厚いのがふつうである。これらはみな永く培養せられた結果で、その母種は前記の自然生サザンカである。

サザンカも花がおわると後に実ができるが、この木は秋に開花するからその実は翌年の秋に熟する。それはツバキの実よりはずっと小さく、円くて細毛があり、熟すると開裂し黒い種子が散落する。この種子からも椿油同様な油がしぼり取らるる。この実を小ガタシあるいは姫ガタシとよぶのだが、それがまた木の名にもなっている。

昔の人がこの木に山茶花の漢名をあてたことがあるので、たぶんそれからサザンカの名を生じたのではないかと思う。すなわち山茶花《さんさか》のサンサカが、音便によってついにサザンカに転化したのであろう。しかるに右の山茶花の山茶は元来ツバキの漢名であるから、これをサザンカに適用するのはまったく誤りである。

右のような理由だから、サザンカを山茶花と書いてそう読ますことはよろしく止すべきである。そしてサザンカを山茶花と書くべしというしっかりした根拠典故は元来なんにもなく、これはじつによいかげんに当てたものである。また右のような訳がらゆえ、もしもここに単独に山茶花と書いてあったら、旧説の人はこれをサザンカと思うべく、植物学者はこれをツバキなりとなすべく、そこにそれが両様に受け取れてまごつくであろう。サザンカは仮名でサザンカと書けばいいのだが、しいてこれに漢名を用いたければそれを茶梅《さばい》もしくは茶梅花《さばいか》と書けばあたっている。これは支那の書物の『秘伝花鏡』に出ている。

トウツバキ

ツバキの別種に唐ツバキというものがある。徳川時代に支那から渡来した花木で、葉も花も木ぶりもよくツバキに類似している。そしてそのふつう品は花が大きくて真紅色で、花弁は多少重なっていてやはりツバキと同じく春に花が咲く。葉はツバキより少々狭く、葉質はこわくて表面の葉脈は溝路をあらわしている特徴がある。

これから出た種類にスキヤだとかハツカリだとかの品がある。またかのワビスケ、ベニワビスケ、コチョウワビスケなどもじつはトウツバキ系統のものである。これらの品がツバキの中にまじっていれども、ふつうの人にはそれがツバキ系統のものか、トウツバキ系統のものか、ちょっと区別がつかないが、しかしそこにこれを見分ける鍵がある。それはその花中の子房に毛のあるものがトウツバキ系統。毛がなくてまったく平滑なものがツバキ系統である。しかしワビスケなどになるとその毛が退化してほとんどなくなり、ただわずかに数毛を見るのみのことがあるので、その区別がなかなかむつかしい場合もある。

（昭和十八年発行『植物記』より）

仰向け椿

寺田寅彦博士の著「柿の種」に次のとおり書いた文章があった。
「今朝も、庭の椿が一輪落ちていた。調べて見ると、一度俯向に落ちたのが反転して、仰向になったことが花粉の痕跡からわかる。測定をして手帳に書きつけた。此間、植物学者に会ったとき、椿の花が仰向きに落ちるわけを、誰か研究した人があるか、と聞いて見たが、多分ないだろうということであった。花が樹にくっついている間は植物学の問題になるが、木をはなれた瞬間から以後の事柄は問題にならぬそうである。学問というものはどうも窮屈なものである。落ちた花の花粉が、落ちない花の受胎に参与することもありはしないか、

落ちざまに虻を伏せたる椿かな

という先生の句が、実景であったか、空想であったか、というような議論に幾分参考になる結果が、その内に得られるだろうと思っている」

さて、私は椿の花が地に落ちて仰向いていることにはこれまでたびたび出会っているので、この仰向く問題にはたいして感興をひかなく、うんそれは当り前のことだと思っているぐらいであ

る。そしてこれは花が仰向くのが物理学から考えても至当なことだと信ずる。重いものが先に落ちて、軽いものが遅くおくれて落ちるのは引力の作用から考えても明らかな事実である。

椿の花は、本の方が分厚《ぶあつ》で重く、縁先《へり》の方が拡ってはいるが分薄《ぶうす》で、比較的軽いから、それが枝から離れると、その瞬間には、無論下に向いて落ちるが、まもなくその途中、すなわち空間でそれが次第にひっくり返って、縁の方、すなわち下向きの方がついに上向きになり、花の本の方を下にして地面にぼたりと達するのであって、何もあえて珍しい現象ではなく、まことに理の当然な落ち方である。

春に伊豆の熱海などに行くと、花の満開している椿の樹の下の地面にたくさんな花が落ち散らばっていて、それが多くは上向いて枕籍しているのが見られる。たくさんの花の中には高い木から落ちるので、あるいは風のため、あるいは花蜜を吸いにくる鳥の動作のため、あるいは落ちる際のある拍子によって、往々俯伏せになっているものもないではないが、しかし多くの花はたいてい仰向けになっているのを見受ける。

そこで、その花の枝から地に落下する空間の距離だが、その枝が地面に近ければ、したがって地面との距離が短いので、その間に花がひっくり返る余裕がないから、落ちてもそのまま俯伏せになることもあり得るわけだ。

寺田博士の検せられたその日の花は単に一輪のみであったようだが、しかし花の枝と地面との距離の遠近がなんにも書いてないけれど、それはあまり高い上から落ちてきたのでないことが、その文章で察知せられる。

そして距離が短いので、その花が下向きのまま地面に落ちるや否や、その反撥で急に反転して仰向けになったようである。「花粉の痕跡」というのは、その花粉が地面に付着していたから、一度花が下向けに地面に落ち、その花粉を地面に抹し残しつつ地面の抵抗ですぐ反転し、空間ではなく、地面でたちまち上向きになったというようにその文章の意味が取れる。同博士の文章には、花体の本と末とによって、その重さに軽重の差のあることはなにもうたってはないのは、同博士の実験した花が、空間で反転せずに地面で反転したからであろう。これによって、これをみれば、同博士は椿落花反転の全相には触れていなく、ただその一隅の問題のみに触れていることがわかる。

それから落ちた花の花粉がまだ落ちない花の受胎に参与すること、すなわち役立つかということは、それはでき得ることだと思う。花が落ちても、花粉の機能がなお依然として保たれているものが、あえて少なくないからだ。

落ちざまに虻を伏せたる椿かな

は、なかには可能な場合もあれど、それはまたない場合が多い。なんとなれば、すなわちその花が仰向くからであるからだ。したがって、この俳句は巧みなようではあれど、ぬけていて真実その実況にはあまりあてはまっていないと感ずる。

桜

　桜というものはわが日本においての名花であって外国にはない、日本だけであるとよく言うのであるが、しかしだんだんと世の学問が開けて植物の研究が届いてくると、桜はわが国の特有なる植物ではなく隣国の支那にもある。また新領土たる朝鮮にもある。樺太にもあるというように日本の内地以外にも桜というものはあるということが分かってきた。けれども桜の分布の状態からいうと日本の内地がその中心となっているから、わが日本の内地によけいこの植物があるわけになる。けれども前述のごとくわが国以外に桜がまったくないというのではない。それゆえに桜は単にわが国にのみの特産であると言われないことになってくる。

　右の次第であるから取り束ねて言ってみると桜はアジア東部の植物であるとこういうことが言われるのである。アジア東部がその産区となっているのである。しかしてヨーロッパとかアメリカとかいう方にこの桜はちっともない。ただアジアの東部にあるばかりである。しかし桜が日本の国民性と関連しているというような問題になるとこれは別であって、桜の散りぐあいが武士の生命を軽んずるところに似ている。朝日に匂う山桜が日本の国民性を代表している。こういう話になると植物以外であるから、このごときことは今私がここに申すお話の問題外になる。

朝日に匂う山桜と詠んだその山桜は日本の中央から始まってずっと西南北方一般に分布している。南の方は大隅国屋久島におよんでいる。ゆえに桜の南の端は屋久島であると言ってよい。

しかるにこの山桜のほかになお一種違うところのものがある。それは私どもの方で大山桜と称えている山桜のように野生している種類である。

この大山桜は南は信州に始まり日光地方を経て奥羽地方におよび、それより北海道に渡りついに樺太におよんでいる。つまりわが邦の北半はこの桜が占領していると言ってよろしい。これに対してふつうの山桜はわが邦の南半を占領していると言うことができる。

東京ではこの大山桜はたくさんにない。上野の公園の帝室博物館の構内に、明治の初めに北海道より持ち来たったものが二本植えられてあって年々よく花を開く。それゆえわれわれ都人士がこの大山桜を見ようならば、右の博物館に行くと見られるのである。

この大山桜とふつうの山桜と比べてみると大山桜の方が花が大きい。また色も深く濃い。枝がふつうの山桜に比ぶると暗紫色を帯びている。また葉の鋸歯はその先が、細長に毛のようになっていない。葉を一枚取ってみてもふつうの山桜とはすぐに区別がつくのである。

ふつうの山桜は葉が赤色を帯びておって花といっしょに出ると、花の色は世間の人がだれも知っているとおりいわゆる桜色でごく薄い桃色である。またずっと淡くてほとんど白色のものもあり、葉は今言うとおりたいてい赤色を帯びているものだが、たまには赤色を帯びぬものもある。

それから伊豆の大島に大島桜という一種類がある。これは伊豆の大島に限って繁茂している。それゆえに大島桜という名の起こるわけであるが、この桜の特色は非常に木が丈夫であってその花の色はほとんど白色である。ずいぶん花が枝上にたくさん付くけれども、どういうわけかこの桜は花があまり見栄《みば》えがない。しかし木が非常に丈夫であって、煤煙などには平気に堪えられる性質をもっている。この桜は近年までは人がさほど注意しなかったところが、木が丈夫であるというところに近年気の付くようになって、しだいに方々に植えられるようになりつつある。

それから近年非常に世間の人が賞美してきたのは吉野桜である。これは東京では上野公園、向島、九段招魂社、江戸川縁、飛鳥山等にあるのはみなこの吉野桜であって、これはわれわれ専門家の方に言わせると染井吉野と称う。これはいずれの時代から起こっていずれの人が培養したかということは充分によく分からぬが、なんでも徳川の末に染井の植木屋がこれを培養してそれが本となって方々に拡まったというのが本当らしい。それゆえ植物学者の方では染井吉野と言っている。これは非常に花もよけい付くし賑やかであるから、雅致というらえから言えば山桜に劣るかも知れないが、濃艶という点から言うと都会の見ものとしてはこの桜が一番好いと思う。つまりこの染井を吉野桜と園芸家などが言っているのはただその名を美にしただけであって、日今大和の吉野にある桜とはまるで種類が違う。ゆえに吉野桜と言えば大和の桜と同じように世間の人が思うだろう。けれどもそれはまったく種類が違うのである。またこの染井吉野はその枝ぶりが横の方に拡がる性質をもっている。山桜は斜めに上方に成長するが染井吉野は枝が横に横にとのびる傾きをもっているから花が咲くとたいへん賑やかになる。それらよりして都会の植物として最も適当であると考える。

桜の齢のうえからいうと、山桜は割合に長く齢を保つけれども染井吉野はようやく三、四十年くらいである。三十年も経つと上の方が枯れかかってきてその樹の姿も見にくくなり、ちょうど二十年くらいのところが一番見頃であろう。それゆえにこの桜は時々植え替えるというような面倒な手数がある。またこの花を山桜と区別してみると、山桜よりもやや花の色が濃いのである。山桜の花には萼、花梗に毛のないものである。中にはたまに毛のあるものがあるけれども、ふつうは毛がない。ところが染井吉野の花には萼も花梗もみな一面に細き毛がある。

次に八重桜である。この八重桜は種類はたくさんあって、このことを詳しくお話ししていることはできないが、園芸家などは種類がたくさんあるものであるから種々の名をつけているけれども、ふつうは八重桜と言っておって例の荒川の堤にある桜などは大部分みなこの種類に属するものである。これは桜の一番しんがりをするものであって従来は単に八重桜と言っておったけれども植物学者はこれを里桜と言ってふつうの桜と区別している。この里桜も本はどこから出たかと言うとやはり山桜から変わってきたものらしい。昔だれかこういう変種を作ってだんだん拡まった。詳しい歴史は分かっておらぬがまずそういったわけ。

まず山桜に属する種類はそんなものであるが、そのほかに彼岸桜というものがある。これはまったく別種で山桜とは違うもので、これを山桜中に数えるということは妥当でない。

この彼岸桜には大別二つの種類があって、一つは関東で賞美するものと、一つは関西地方で賞美するものとである。世間では両方を一般に彼岸桜と言うているけれども、吾人は関東地方で賞美するものはあずま彼岸または江戸彼岸と言うている。また関西地方で賞美するものを単に彼岸桜と言っている。関西地方で賞美する彼岸桜は、他の桜に率先して寒桜の次に花が咲くのであって、東京の上野公園中でも比較的小さい樹で一番先に花が咲くのがそうである。あれは前には東京になかったのを近年になって植えたものである。

そこで面白いことには、同じく上野公園にある関東で賞美する東彼岸または江戸彼岸と称するものは、その原産地はかえって関西地方にあるのである。四国の山中、九州の山の中に天然に野生しておる。関東において賞美せらるるものがかえって関西において野生しておって、その地方ではいっこうに賞美せられておらぬのである。

この東彼岸または江戸彼岸はなかなか大木になる。よく諸国で名木として数えられているものにはこの桜が多い。信州の長野から二、三里の在に神代桜と称うるのがある。これがやはり東彼岸である。陸中の盛岡の町の中に石割桜というのがある。絵葉書などにもできていてこれも有名な桜であるが、やはり東彼岸である。

十月桜、これも早く秋に返咲きのように花が咲く。葉もまた花もいっしょに出る。これは関西地方にたくさんある彼岸桜の変種である。

寒桜、この種類は一番早く花が咲く。なお寒き時候に他の桜に先んじて花が咲くからこの名があるので、色は薄紅である。嫩葉は赤味を帯びている。荒川堤にもある。上野の博物館の中にも一つある。この桜はいずれに野生しているものかその辺は分からぬ。

寒桜に似て別種類のもので緋かん桜というのがある。これは台湾に野生し琉球に植えられてある。また九州の南の方にも植えられてある。これはなかなか早く花が咲くので二月ごろには既に満開となる。東京には本来この花がなかったのであるが、東京の理科大学の三好教授が先年薩摩の鹿児島から取り寄せられて小石川植物園内に植えられたが、本年からだいぶ花が咲いて今後この花を東京でも見ることができるようになった。この花の特徴は花が正開しない。ぱちんと開かないで半ば開く、半萼の姿である。これは色がずっと濃くして桃よりも濃い。それゆえ緋かん桜という称があるのである。

それから昔の本草学者は桜のことを桜桃と言っておったこともあれば、またゆすらうめだとも定めておったこともあるが、だんだん研究の結果桜桃は支那にある一種の植物で、桜またはゆすらうめとは全然別物であることが分かった。この桜桃は実を賞するものであってずいぶん日本へも支那から来ている。花は葉より前に出で薄赤くして枝に密生し、日本の彼岸桜よりも早く咲き、樹は灌木だちのものである。この桜桃を世間一般に西洋の実ざくらといっしょに呼んでいっさいを桜桃と呼んでいるけれどもそれは誤りである。桜桃とは支那産のものに限り、西洋種すなわち今市場でその果実を見るいわゆる桜桃は洋種桜桃と呼んで区別せねばならぬ。

西洋のチェリー、これを英和辞書で見ると桜と訳してあるが、日本の桜とはまるで種類が違う。近年山形地方などにたいへんこのチェリーを植え付けたが、これも実を賞美すべきものでチェリーは桜ではない。ジャパニーズ・チェリーとでも言えばあるいは当たるかも知れない。単にチェリーを桜と訳してある辞書はどうか訂正してもらいたいものである。またこのチェリーの果実を桜桃を呼ぶことも誤りであること前に述べたとおりである。園芸家が不用意にその名称を濫用するには閉口する。

（昭和十一年発行『随筆草木志』より）

寒桜の話

カンザクラという サクラの一種があって、学名をプルーヌス・カンザクラ（Prunus Kanzakura, Makino）と称する。落葉喬木で多くの枝を分かち、繁く葉をつける。高さはおよそ一丈半くらいにも成長し、幹は直径およそ一尺余にも達する。

このカンザクラは、ふつうのサクラよりはずっと早く開花する。寒いときに早くも花が咲くというので、寒桜の名がある。彼岸ザクラに先だち、すなわち二月には花が咲くので、ふつうのサクラの先駆けをする。しかし東京では寒気のためにその花弁が往々傷められがちであるが、駿州辺のような暖地ではまことにみごとに開花する。

東京ではかの荒川堤に二、三本あって、よく花が咲きおったが、私ももはや久しく同堤へ行かないから、今日果してそれがどうなっているか分からない。それはかなり大きな樹であったため、たぶん今日でもなお存しているであろう。しかし同堤の他の桜樹のようにだいぶ弱ってはいはせぬかと想像する。

東京上野公園内、東京帝室博物館の正門を入ったすぐ正面より少し右よりの地点にカンザクラの老樹一本があって、毎年花が咲くとよくその写真が新聞紙上に出て、上野公園のヒガンザクラが咲いたとその名を間違えて書いてあった。

公園唯一のこのカンザクラは、今日はその樹がどうなったか、ここも私は久しく行かぬゆえ今その辺の消息が分からないが、大震災後同館内もだいぶ変わったから、今日では果してそれがどうなっているか、安全？　異変があった？　そこへ行ってみれば分かることだが、もしも旧来からの場所に見えないとならば、この名樹は今どこへ移されたか、あるいはむざんに切られたか、それを突き止めてみたい気もする。

右博物館内のこのカンザクラについては、ここに左の話を書き残しておかねばならぬことがある。このカンザクラは私にとっては思い出の深い一樹であるからである。

カンザクラ（牧野原図）

明治から大正へかけて、私は一度右の帝室博物館の天産部に兼勤していたことがあった。それはむろん大震災の前であった。その時分には上野公園は博物館と同じく宮内省の所属であって、公園は博物館で管理していた。当時私の考えたのには、もしあの早く咲くカンザクラが少なくも十本でも二十本でも上野公園内に植えられ、同公園に一族の桜花が他の花に率先して咲いてその風景に趣を添えたとしたら、どれほどみなの人に珍しがられることであろうと信じた。

　そこでそのとき上手な植木屋に命じて、その一本の親木から接《つ》ぎ穂を採って用意せる砧木に接がせてみた。しかしどうも活着がむつかしくて、やっと二本だけ成功させたので、これを公園へ出す前にまずそれを母樹の傍へ植えさせた。

　幸いにこの二本の幼樹がその後勢いよく生長しつつあったが、今日はそれがどうなっているのかと、ときどきこれを思い出すのである。元来当時自分の意見で上のように実行したものであるから、おりに触れてこれを回想するたびに右のカンザクラの親木と児の木とについて心もとなく思っているので、この博物館のカンザクラについて上に述べたような事実があったということをここに書いておくのもせめてもの心やりである。右のことがらはおそらく今日の博物館のお方もご存じないことであろうと想像するから、今ここにそのありし当時のいきさつを書き残しおくこともあながち無益ではなかろうと信ずる。

　私は上のごとく博物館に勤めていた当時は、人々を引きつけるに足る珍しい桜を上野公園に栽えて公園を飾り、衆目をたのしますことにつき不断の関心を持っていて、それを実行に移しかけたこともあったのである。

すなわち前のカンザクラもそうであったが、次に日本の東北地方の山に多きオオヤマザクラの苗木百本を、自費で北海道から取り寄せてこれを博物館に献納し、同館内の地へ栽えて生長させたこともあった。私はこのオオヤマザクラを後日上野公園へ出して植え、それへ花を咲かせたら、ふつうのサクラよりは花色の濃い美麗なサクラが公園内に咲いて、公園に遊ぶ衆人はこれを見て珍しがり喜ぶであろう、そして公園を飾り立てるにもいいと思い、右のように実行を始めたのであったが、襲来した大震災のためにそれが頓挫し、また私も震災直後同館への勤めを止めたのでその実行が継続しなかった。

その後まもなく公園が東京市へ移管せられたので、すなわち上流のオオヤマザクラの苗木が博物館内に栽えてある事実と、そのかくした理由とを東京公園課長の井下清君に話し、右の苗木を博物館より譲り受けて上野公園へ出してもらったことがあったが、そのときはその苗木がもと百本もあったものが枯れたかどうかして、ただ十一本しか残っていなかったと聞いた。たぶん井下君はそれを上野公園のどこかへ植えさせたのであろうと思うが、今日そのオオヤマザクラがいずれの地点に栽わっているのか、私には判然していない。もしも右の樹が枯れずに生長しつつあるとすれば、今日ではもはや花が咲かねばならぬのだが、それが果して毎春咲きつつあるや否や、見きわめたいものである。もし幸いにその樹が枯れずにあって年々花が咲きおるとすれば、上に述べた人の知らない私の心づくしもいくぶん酬いられるわけであるが、今それがどうなっているのやら。
寒ザクラはむろんわが日本のものであれど、しかし今日までまだどこにも野生のものが見つからない。これはことによるとヤマザクラとヒカンザクラ（緋寒桜、学名はプルーヌス・カンパヌラータ（Prunus campanulata, Maxim.））とのあいの子かも知れぬ。またそう思わせる資質を現わしているが、それが果してそうかどうかはにわかに判断がつかない。ヤマザクラと緋カンザクラとはだいぶ花時が食い違っていれど、しかし早く咲いたヤマザクラと遅く咲いた緋カンザクラとがうまい具合に交媒したことが万一あったとしたら、そのときはそのあいの子ができないものでもないと想像する。今日はかの染色体の研究がさかんだから、その方面から検討してみたらあるいはその辺の事情がよく判ることと思う。

私は伊豆の熱海の繁栄策の一つとして、以前から考えていることがある。それをもし熱海の人士が実行するならば、これは確かに熱海の利益である。そしてその花時に際しては、東西南北のお客を熱海に吸い寄せることができると信じて疑わない。すなわちそれは上の寒桜と緋寒桜とを利用することだ。

その策は、カンザクラの苗木をまずおよそ千本くらい（なおたくさんあれば多々ますます弁ずる）用意して、これを熱海の適当なる地へ植えこむ。そしてまたかの緋カンザクラ（現に上のカンザクラもこの緋カンザクラも数本は既に同地の人家に栽えてあって、毎年よく花が咲きつつあるから、この両樹は同地に適する）の苗を同様用意してこれを植える。そしてそれらが生長して花が咲くようになれば、この両樹の花は熱海のような暖地では、早くも一月時分から開花するので、そこで熱海ではもうサクラの花が咲き、それが赤白二色の咲き分けとなっているとて、とても評判になり、そら熱海のサクラの花見に行けとて押しかけるワかけるワ、汽車はいつも満員であろう。熱海の旅館やホテルの主人たちが、なぜこの点に着眼しないかふしぎである。

これは言うべくして容易に行なうことのできるなんでもないことがらであるから、私は同地の繁栄のため早くこの二つの赤、白サクラを栽えられんことをお奨めして止まない。マーやってごらんなさい。きっと当たるよ。そして後にはようこそ植えたということになる。

緋寒ザクラ（牧野原図）

そこで熱海でしかるべき地を相して、寒桜を各方へ分散して植えずにこれを一区域へ列植して一群の林を作る。それから一方の緋寒桜も同様これを方々へ分植せずに、これも一群の林となるように列植する。そしてなるべくはこの二桜林を左右か上下かに接近させる。

まもなくそれが生長し花が開くようになると一方

は白いサクラ、一方は赤いサクラと咲き分けになり、それが二月頃同時に開くから熱海では赤白咲き分けのサクラがはや咲いているとて大評判となり、この機逸すべからずと同地の宿屋連中が馬力をかけて大いに広告すれば、そら行って花見をせよやとお客がわれ劣らじと四方八方からワンサワンサと押しかけ来たり、宿屋はたちまちみな満員、桜の林には人だかり、とても同地は賑わうことであろうと信ずる。

こんな天然物を利用して繁栄を策することは、永久的のものであって一時的なものでなく策の最も上乗なものである。私は熱海人士に熱海人士が大いに私のこの献策に耳を傾けられんことを願いたいとは、ずっと以前から私の熱海をおもう老婆心であったのである。

ところがさすが同地にもやはり具眼の人々があって近来寒桜の苗木を多数用意しだいぶこれを同地に植えたのである。しかし残念なことにはその苗木が諸方にばらばらに植えられてあるので私の意見とはちょっと相違している。かくこれをばらばらに植えてそこにチョボリここにチョボリでは引き立たない。どうしてもこれはそれを一所に群栽して、それはちょうど梅林のように、それを桜林とせねばせっかくの努力もたいした好結果を持ちきたさないことを私はひそかに憂えている。

（昭和二十二年発行『続植物記』より）

大島桜

伊豆の大島には誇るに足る植物が二つあって、その一つが椿、またその一つが大島桜である。この二つは共に経済的に同島人がその恵みにうるおうている樹木で、島の人々にとってはじつにたいせつな植物である。それが利用と鑑賞との両方面を兼ねもっているのであえて疑う余地もなく、この二つは同島天与の宝である。

今ここには椿を割愛して単に大島桜について述べてみるが、ついでに景物を添えてみれば、鹿は特別に椿の皮を好んで食うから、椿の木を大事がる大島へは忘れても鹿を放ち飼いにせぬことである。

大島桜はその名が示しているように、じつに大島で発達した同島特産の桜である。しかし大島は元来始め海底から噴き上がった火山島であるから、太古からの植物はなかったはずだ。火山が海面の上にあらわれて顔を出したころはまだ草もなければ木もなく、ただ溶岩石礫の磊々《らいらい》たる境地であったのだ。そこへもってきてその後いろいろな植物が生えたのは、それをみな日本大陸（ハハハハ）から仰いだのだ。すなわち主として伊豆だのまたは相模だの安房だのの地方から、風に送られ島に送られ、また海流に送られていろいろの植物の種子が年々歳々しだいしだいに島に運ばれたのである。そこでそれらの種子が萌芽して生え、永い永い間の年月を歴てますます増加し繁殖し、ついに今日のような植物界を大島に作り上げたのである。

今から幾千年前とその年数をしかと言うことはもとより不可能だが、内地の山ザクラの種子が一たび好機会に乗じてこの島に入り、そこに生えて育ったのであろう。ついに開花して結実し、その種子からさらに新仔苗が生えて葉を出しつつ生長したであろう。このごとくして繰り返され、それが漸次に島に繁殖したであろう。このながい久しい年の間に、この樹はたえず海風に吹き尽せられ海気にあてられ暑日に照らされ、かつ幸いに土地にも適して漸次に強壮な姿勢を馴致招来して、ついに今日みるがごとき大島桜を現出せしめたわけである。そして今かえりみてこれを内地の山ザクラと比較すれば、いっそう丈夫な種となっており、すなわち枝椏も粗大で葉も花も実も大きなものとなり、決して同物とは認むることができないまでに進化したのである。それで植物学者はこの大島桜を山ザクラの一変種としている。今その各部の形態を精査すると、これは決して山ザクラより離れた別種のものではなくて前述のとおりそれの変わりたるものにほかならない。

サラクが海島に生えてその環境の影響を受くると、壮大なるものに変化することは私はこれを周防の祝島のサクラで実見した。今ここに他の例を挙ぐれば、かの大島にある八丈キブシも海島で壮大になった種類で、つまり内地のキブシの一変種であることはちょうど大島桜が山ザクラの変種であるのと同揆である。ゆえに私はその学名を *Stachyurus praecox* Sieb. et Zucc. var. *Matsuzakii* Makino とするに躊躇しない。なおその他の植物でもこれに類することがすこぶる多いのは、実地に植物に注意する人のよく知るところである。

大島桜がとても古い時代から発達していたことは、かの大島で名高い泉津村のいわゆる桜株を見ても判る。これは同島唯一の古樹で、その樹はまず一千年も経っているといわれているほど古いかつ巨大な姿をしているのである。そしてこれが株と呼ぶ名にそむかず直立する丈がすこぶる低く、その周囲がコブコブしている。頂はぶっ切ったようになって、そこから大小十三条の枝が章魚の脚かヒドラの肢かのように出で、長い太いヤツは蜿蜒として長蛇ののたくったようになり、中にはいったん地について再び上昇しているものもある。幹の本はかえって上方より小さくて直ちに地に挿し入れたようになっている。そこで私の想像では、この桜株は遠き以前に三原山が爆発した時、山面を崩下する石礫のためにその幹の上部を打ち折られ、そこから多数の枝が芽立ったものであると信ずる。そして幹も短いので幸いに土人の斧斤《ふきん》を免れ、ついに今日に残ったものであろう。

大島桜は花は大きくて樹上にたくさん開くのにかかわらず、その割に見立てのないのはどうしたものか。それには一つの原因がある。すなわちそれはその葉が主として緑色だからである。樹によっては多少褐色なのもあれど、しかし緑色のものが多い。もし大島桜を今よりずっと見栄えのある桜にせんとならば、その葉を赤褐色すなわち赤芽とせねばならぬ。幸いにそれがそうできれば、大島桜はじつに立派な桜となりおわるのである。

内地の山ザクラだってそうである。もし山ザクラの葉がいわゆる赤芽でなかったらそれはとても見立てのないサクラとなる。幸いに赤味の葉が出るからそれがひどく引き立つのである。この赤味のある葉と白っぽい花とが合作して、そこに山ザクラの山ザクラたる本色を発揮する。ゆえに公園などに山ザクラを植うるならば必ず特に赤芽のものを択ぶべきである。決して山ザクラならなんでもいいというわけのものではないが、なかなかそこまで注意を届かす苦労人はないではないかな。

とにかく、大島桜は大島の誇りであるから、これと同格の椿とともにもっとずっと大量に植え、雲のごとくまた霞のごとき桜の花と、燃ゆるがごとくまた絳帳《こうちょう》のごとき椿の花とで全島を埋め尽し、いよいよ同地をして東海上の花彩島たらしめたらよいと思う。

（『続植物記』より）

彼岸ザクラ

普通のサクラに先がけ、春の彼岸ごろにいち早く花の咲くサクラに彼岸ザクラと呼ばるるもののあることはだれでもよく知っていてその花をもて囃すのである。世間一般ふつうの人々にはそれでよいので、その間にとやかく言うような問題はなんにも彼らの間には起こっていない。ところがこの彼岸ザクラが一朝学者仲間での問題となると、ふつうの人が考えているようにそう簡単には片づかないので、その間やや混雑の状を呈してくるのである。

学者仲間、ことに植物学者仲間においては従来彼岸ザクラの名があえて正しく呼ばれていないのである。それには一つの原因があって、畢竟それは彼ら学者に彼岸ザクラ正品の認識が不足しているからである。近代の植物学者がたいてい東京帝国大学育ちであり、一方東京での彼岸ザクラはかの上野公園にある大木性のものをそう呼んでいるので、これらの人々は彼岸ザクラといえば右の木より外にはなく、彼岸ザクラはただこの木一種とのみ信じきりそれがついに一つの通念となっているのである。それゆえ明治時代の学者田中芳男氏、小野職愨氏などでもやはり右のサクラを彼岸ザクラと記し（両氏同撰『有用植物図説』参照）、また今日東京で出版せる大学出諸植物学者の著わせる植物学教科書などをのぞいて見ても、皆右の品が彼岸ザクラとなっている。しかしこれらは皆彼岸ザクラの正しい見方ではない。

私自身は元来が関西方面育ち（生まれは土佐）であるより少年時代から彼岸ザクラについてはよくその正品を知っていた。それゆえ関東学者と私とは彼岸ザクラに対して根本的にその考えが違っている。さればそれがどのように違っているかと言うと、私の見解は次のとおりである。

〇ヒガンザクラ（一名コザクラ）

Prunus subhirtella Miq.

〇ウバヒガン（一名ウバザクラ、タチヒガン、アズマヒガン、エドヒガン）

Prunus Itosakura Sieb. var. ascendens Makino

東京にてはこれをヒガンザクラという、西洋の学者はこの種に P. subhirtella Miq. の学名を誤用している。

〇シダレザクラ（一名イトザクラ）

Prunus Itosakura Sieb. ＝ P. pendula Maxim.

右に挙げた三主品が即ち彼岸ザクラの一グループをなしているが、これに付属する園芸的変種を算うるとそこに多くの異品がある。

真正の彼岸ザクラ即ち Prunus subhirtella Miq. は往時から彼岸ザクラと称え、それ以外の名は小ザクラがその一名であるように思われるけれど、その他にはなく彼岸ザクラの名が一般の通称である。ふつうに見るものは小木が多くて春に一番早く花が咲く、花は枝上に満ちて競発し、淡紅色を呈してきわめて優美である。京都辺ではふつうに見られまた大和路などにもすこぶる多い。畿内近辺には小木が多いが信州辺へ行くとかなりの大木が見られる。幹は大小いろいろあれどその枝の具合、花の具合、また葉の具合ならびにその気分等は共に全く同一で何ら異なった点はない。ときに八重咲のものがあって八重ヒガン、一名紅ヒガン（var. Fukubana Makino）と称するが、けだしこれがいわゆる熊谷桜のそれではないかと思う。又かの十月ザクラ（var. autumnalis Makino）は本種から出た一つの変り品である。そしてこれらの諸品が婆《ウバ》ヒガン、すなわちタチヒガンと縁のないことは、その葉を検すればすぐにわかるのである。

上の彼岸ザクラの正品に対して、いったい東京方面の学者の認識の淡いのは東京にこのサクラが割合に少なく、つまりお馴染みになっていないからであろう。東京で彼岸ザクラといえばあとにもさきにも上野公園のもののみが登場して、そこでその木を一概にそう思い詰めているのである。それだから彼らの書いた植物教科書には皆そうなっているのじゃないか。拙著『日本植物図鑑』には上に述べた両種をきわめて明瞭に区別して書いておいたので、それを見れば判然とよくその両品を呑み込むことができる。

この正品なる彼岸ザクラの名は早くも貝原益軒の『大和本草』に出で、その巻の十二に次のとおり述べてある。すなわち今これをみるとその行文はすこぶる簡単なれども、この短文中に真によくその品たることを躍出せしめている、すなわちその文句は、

彼岸桜　其花桜花ヨリ小ニシテ桜ニ先立テ早ク開クコト旬余日花開ク時葉未レ生桜ヨリ小樹ナリ花モ小也桜ノ類也

である。すなわち京都辺で親しくこのサクラを眺めてその状態を知悉している士は、右の文章を玩読すればすぐにアノ桜のことだと気がつくのであろう。そして決してその「小樹ナリ」の語を見逃すことをしないであろう。しかしかの木は京都辺のもの皆小樹である。これぞすなわち正真正銘の彼岸ザクラそのもので、前文に既に書いたように彼岸ザクラとして東京辺の学者にはよく呑み込めていないものである。

同書、上の文に次いで

ウバ桜モ彼岸桜ノ類ナリ彼岸桜ノ次ニ開ク是モ花開ク時葉ナキ故ウバ桜ト名ヅク

と書いたものがある。このウバ桜は怡顔斎の『桜品』では婆彼岸と別のものになっているが私はこれはたぶん同種であろうと思う理由をもっている。すなわち右の婆桜も婆彼岸もその学名でいえば共に Prunus Itosakura Sieb. var. ascendens Makino であると信ずる。

私が初めこのサクラを研究したずっと前の時分には、この婆ザクラの名もまた婆彼岸の名も共に私の注意をひかなく、全くオブハールックしていた。そしてまたなんら別の名も見つからなかっ

たので、そこで初めて立彼岸《タチ》の新称を与え、のちさらにそれを東彼岸ならびに江戸彼岸となした。かくこれを東彼岸、江戸彼岸と新称したのは、東京で一般に彼岸ザクラといっているのはこの種を指すからである。しかしこれらの新和名を命ずるに当たってもその考えは決してこのサクラが東京に固有であるというような誤認から出発したのではなく、またこの樹の原産地は関東ではないくらいの事実はむろん先刻承知していたけれど、前述のように東都で特にこれを彼岸桜と専称しているので、ことさらに上のような名を付けてみたのである。それゆえこの名は決して悪いのでもなくまた不当なものでもなくまた非難さるべきものでもなく、まず当り前にできた呼称なのである。

このウバ彼岸は元来は九州、四国ならびに中国方面の山林中に自生して樹林の一つをなし、直幹聳立して多くの枝椏を分かち、葉に先だちて帯白あるいは微紅色の五弁花を満開し、花後に細毛ある葉をのべ小核果を結ぶのである、かく山に生じていたものはその花があまり派手やかではないが、諸州にあって里に栽えられてあるものにはすこぶる美花がひらくのがある。この樹は喬木で往々巨大なものとなり、中には神代桜《じんだいざくら》の名で呼ばれる著名なのがあり、かの陸中盛岡の名木石割桜《いしわりざくら》もその種である。東京上野公園のものは上野の彼岸ザクラと呼んで有名であったが今日では樹勢大いに衰え、とても前日のような面影はない。それに花色の淡いものと濃いものとがあったが今残っているかどうか。

ウバ彼岸から園芸的に変わってできたものにシダレザクラ、一名イトザクラがある、それゆえこのシダレザクラの親はまさにウバ彼岸である。しかし学名の上では Prunus Itosakura Sieb. var. ascendens Makino のようにシダレザクラが母種でウバ彼岸がその変種のようになってはいれど実際にはその反対でウバ彼岸が母種でシダレザクラがその変種なのである。いったい学名では早く名づけた種名が主座を占めるので、そこでこんな奇現相を呈し決してその自然の関係を表わしていないことになる。

今試みにシダレザクラの種子を播いてみると、ここに二とおりの苗が萌出してくる。すなわちその一つは元のままのシダレザクラが生え、その一つは直立するウバ彼岸が生える。甲は親と同じであるが乙は祖先に還ったのである。これによってこれをみれば、ウバ彼岸とシダレザクラとは全く兄弟のように縁の近いものである。

徳川時代の学者はシダレザクラすなわちイトザクラを垂糸海棠（漢名）だといって済ましていたが、しかしこれはむろん間違いであった。しかればこの垂糸海棠はなんであるかというとそれは今日世間で呼んでいるカイドウである。もと支那から来た落葉灌木で美花を開き、花弁は多少相重なり花梗は長いので、花が小枝から垂れて咲いていて垂糸海棠の名は最もふさわしい。しかるに同じ徳川時代にカイドウと称えて漢名の海紅すなわち海棠に当てたものは今日いう実《ミ》カイドウ、一名長崎リンゴである。花は林檎式の帯紅白花を開き果実は直径四、五分ばかりの林檎ようのもので、黄熟するとに食えるのである。これまたもと支那から来たもので、往々人家に栽えられてある。元来カイドウの和名は海棠から来たものであるから右の実カイドウを指して呼ぶのが本当で、今日のように垂糸海棠をそういうのはよろしくない。そしてこの垂糸海棠の通名としてすべからく花カイドウを用うべきものである。

京都帝国大学植物学教室の小泉源一博士がヒガンザクラのことを既刊の『植物分類地理』に書いているところを見ると、私がヒガンザクラについて大変にその名を混乱させ「この変名は実に甚しく混雑を来す無用のものであり」と攻撃的な言辞を弄していれど、この非難こそアベコベにすべからく小泉氏が甘受すべきもので、それ氏自らかえってその名称を混雑させているのである。畢竟それは小泉氏が真正のヒガンザクラであるべき正統品をヨー認識せずして、前にはこれをコヒガンザクラと称えてみたり、後には初めて大木があると知ってさらにこれにチモトヒガンザクラなる名称を付けてみたりしているのをみれば分かる。すなわち「この変名は実に甚しく混雑を来す無用のもので」あるよりほかに何ものもない。

Prunus Itosakura Sieb. var. ascendens Makino を私がアズマヒガン、またはエドヒガンと称せしイキサツについては前文に書いてあるから、それを玩読すれば特にこれをそうした事情が充分に呑み込めるであろう。そしてこれをそう名づけた精神は決して単にその種の地理分布を土台となした皮相なものではなく、モット深遠な意味を含んでいるが、しかしその微妙な点が小泉氏にはヨー合点が行かぬのである。すなわちじつはその一面には同氏らのような少なくもヒガンザクラについては半可通な学者をして醒覚せしめんとの下心のほとばしりもあったのである。古く彼岸ザクラの名ならびにその正品の出ている文献は前に書いたのでその真品はそれで分かる。この碩学なる古人の正説を非認しその名称を乱す者は小泉氏らの学者達であって、それは前にも言ったように不幸にしてその誤謬が改善せられぬ今日の現状であるからこそ、吾人はここに彼岸ザクラについてあえて筆を執って起ち上がってみたのである。ツマリは彼らの蒙を啓《ひら》かんがためにほかならないのである。

（『植物記』より）

松竹梅

松竹梅のめでたいことはだれでも知らん人はありません。これはまことにこの上もない好い取り組みを昔の人がしてくれたもので、それはだれでも異議のないところでしょう。それゆえこれが歌に謡われるのもむりはありません。かの長歌の中にもいくつかその歌があります。また『梅と松とや若竹の手に手引かれてしめ飾り』という端歌の文句もあります。

松、それは「百木の長」といわれます。松は千代も変わらぬ常盤木《ときわぎ》でして新春にまずその色をめでたものです。古人も『常磐なる松の翠も春来れば今一しほの色まさりけり』と詠みました。あの四時青々と翠《みどり》の色を漂わせていますところに無限のめでたさがあるのです。松の翠はただ色ばかりがよいのではなく、その樹の姿がこの上もなく勢いがあって、その枝は四方に張り、その幹は天空に聳え立って亀甲の皮をよろい、その状が最も強健勇壮です。すなわちこの幹とこの枝とがありてこそ、その翠の色がとても引き立って見ゆるのです。

巨大な松を眼前に見上ぐるとき、まずわが胸を打つものはその幹の男らしいところ、次はその枝の四方に広がりて、勢いよく肘を張り肘を屈めしところ、次は高く風を受けてもただ琴の音に通うといわるるいわゆる松風《まつかぜ》、すなわちいわゆる松籟があるばかりで豪も動ぜぬその枝葉です。すなわち毅然たるその姿はなんとはなしに崇高な気に打たれるのです。

松をまた人間に当てはめるならば、車の矢のように四方に出る枝は睦まじい一家の団欒にも比することができますし、またかんざしの股《あし》をなした葉はいつも離れず連れそうており、俚謡にも『枯れて落ちても二人づれ』とあるように、これを友白髪《ともしらが》までともに老ゆる一の夫婦、それは人間の最も意義深くかつ最もたいせつなこの夫婦に比べることができます。そしてこの和協同心の夫婦が何万となく相寄って雲のような松の翠を組み立っているとすれば、松の茂みはこれを四海に浪立たぬ平穏無事な一国に喩えることもできて、そのめでたいこと限りもありません。

わが日本の松にはいろいろの種類がありますが、まず最もふつうなものは赤松と黒松とです。赤松は一に雌《め》ン松、黒松は雄《お》ン松といいます。これはわが邦の特産で支那にはありません。支那の松はまったく別種です。赤松はどこでも山や野に見られますが黒松は主に海岸方面に生えています。

幸いに優れたこの二つの松があるので、わが日本の景色がとても優れて見えるのであります。もしもこの二つの大関がなかったならば非常にもの足りない景色となるのは必然です。すなわち景色から言っても疑いもなくこれは王様なんです。この二つの松を昔から門松にすることはまことに意義の深いもので、この美風はいつまでも続かさねばならんと私は思っています。

竹は松と同じくその色を変えぬ葉と稈《みき》とがめでたいものとなっています。松は千歳をちぎるもの、竹は万代をちぎるものといわれています。これはすなわちその葉と稈とを賞讃したものです。竹といってもなかなかたくさんな種類がありますが、まずその中で淡竹《はちく》と苦竹《まだけ》とが大関です。これがすなわち昔、呉竹《くれたけ》といったものです。呉《くれ》とはもと朝鮮の方の名ですけれども、ここでは支那を指しています。つまり支那から渡った竹を意味します。

元来この二つの竹はかの孟宗竹と同様もと支那の産であるが、それが昔渡り来たって今はまったく日本産のようになり、だれでもわが邦のものだと思っています。

竹の稈はまっすぐですからこれが君子の心だといわれています。またかくまっすぐなうえに多くの節がかさなっていますので、これを婦人の貴い貞節に喩えられています。松は豪壮勇偉な男子、竹は貞節ある淑徳な女子。これはまことにふさわしい双璧ではありますまいか。また竹は勢いよく割れるものであるから、人間たるものの気性もまさにそうあるべきものだとそれに比較せられます。

竹の稈には節があるうえに中が空洞で筒になっています。それゆえ風に抵抗してもとても強く容易に折れません。アノ雪の竹を見てもそれが分かりましょう。この姿がまた反撥ある精神にも合致しています。

竹の強いことはその鞭根でも分かります。昔は地震が揺れると竹藪へ逃げ込んだといいます。

そこには竹の鞭根が縦横に交錯して地割れがせず、避難所として安全だといわれています。『竹に雀はしなよく止まる』と謡われます。アノ敏捷な雀とサラリとした瀟洒《しょうしゃ》な姿の竹とは好いとり合わせでしょう。そしてまたその意気なものの表象としては『竹になりたや紫竹の竹に、本は尺八、中は笛、末はそもじの筆の軸』と謡われているのでも分かります。

竹から生える筍はこのうえもない勢いよく伸びるものですが、男子もこの勢力に負けるような意気地なしでは仕方がありませんね。

まずこんなことでも竹を新春のめでたいものとする価値は充分に認められます。

梅の花は天下の尤物《ゆうぶつ》だといわれます。これをただ翠の松、緑の竹に比べますと色があって、この二つに取り添うとなんとなく軟らかい一脈の趣が生じます。ことに梅の花は百花にさきがけてひらきいわゆる氷肌の語があり、枝幹は玉骨と書かれて超俗な姿態をあらわします。ときには『暗香浮動ス月黄昏』と吟ぜられてその清香の馥郁《ふくいく》をとなえられます。かの『勅《のり》なればいともかしこし鶯の宿はと問はばいかに答へむ』、という故事のあったために鶯宿梅の名も生じ、この優しい鶯宿梅の名のできたために『私しゃ鶯、主は梅、やがて身まま気ままになるならば、さあさ鶯宿梅じゃないかいな、さっさなんでもよいわいな』という意気な端歌の文句も生まれたのであります。

前の鶯宿梅のように、また『香に迷う、梅が軒端の匂い鳥』（匂い鳥とは鶯のことです）と謡われたように、鶯は梅の寵児、梅は鶯に懐かしがられてなんとなくその情景がしおらしいのです。

これもまた確かに新春の景物であります。

昔、日本で花といったのは梅だそうですが、今は花といえば桜のことです。わが邦で梅の名所は数々ありますが、その中で伊賀の国の月ヶ瀬は昔から名高いところです。

梅は元来支那のものですが遠い昔わが邦に渡り来たり、爾来繁殖してその種類も三百品以上におよび、まるで日本産のもののようになっています。元日に使います小梅すなわち信濃梅は梅の一変種であります。

終りにのべねばならないことは、今日の植物学上からみましてもこの松竹梅の撰定はじつに申し分がないのです。いったい植物界は隠花部と顕花部との二つに大別せられています。そしてその顕花部がさらに二つに分れます。すなわちそれが被子植物と裸子植物とです。ところがこの被子植物がさらにまた二つに分れていまして、それが双子葉類と単子葉類とになります。そこで松竹梅をそれに配しますと、松が裸子植物の代表、竹が単子葉類の代表、梅が双子葉類の代表ということになって、つまり植物の三界をすべることになります。今日のこの新知識からみましても、このようにこの松竹梅はとても意義深いものであります。今これをお正月のシメ飾りからいいますと、上の隠花植物の代表としてウラジロがあります。もし松竹梅へこのウラジロをそえることにしますと、ここに初めて植物界全体の代表者が揃いこの上もないめでたいものになります。

二、三の春花品さだめ

春になったとはいえ、まだ冬と同じい西北からの寒い風が吹いて樹の皮を鳴らしているとき、早くもそここに既に大量な花が咲いていると言ったらだれでもそれはなんだろうとけげんな眼をみはるであろう。そしてこんな寒いに今からそんな花の咲くはずはないと一口に片づけてしまうであろうが、それはただ寒い寒いと言って家の中に閉じこもっている人の言うことで、なかなか自然はそんなもんではない。われわれが寒さを感じてかじかんでいるときでも、植物にはいっこうそれが平気なものである。

昔、後水尾帝の御代にはじめて朝鮮から渡り来たったといわれるかの蠟梅《ろうばい》でしたところが、いち早く花を着け一月にはすでにひらき始める。中にはまだ十二月というのに早くも咲くような株もある。古より梅は百花の先がけだといわるれど、この蠟梅は梅よりももっと早く咲く。梅の字がついているから梅の類だと思ったら大間違いで、名こそ蠟梅だが梅とはだいぶかけ離れた縁遠い花木である。

が、これは元来他国者であればそれはどうでもよいとして、わが日本のもので蠟梅に負けず早く咲くというものにツバキもあればハンノキもある。

梅が早く咲くというので思い出したが一月に伊豆の熱海へ行くとこの時分に赤色をした桜が咲いている。前にはこの熱海にこんな桜はなかったが、たぶん今からおよそ三十年くらいかあるいはその前後に、だれが持ってきたか知らんがこの暖地の桜を熱海へ入れた。この地は暖かいのでそれが家の外でもよく育ち、ついに今では数本の木が同地に見られるようになった。

さてこの桜の名をなんというかと言うとそれは緋寒桜《ひかんざくら》と呼ぶもんだ。またあるいは寒緋桜《かんひざくら》ともいわれている。元来この桜はどこの産かと言うと、これは台湾の山に生じているものである。それがずっとの昔に琉球へ渡り、琉球から薩摩に来て九州南部では久しい間これを栽えていた。それゆえ同地にはかなり大きな樹が見られる。元来暖国の産であるからとても日本の北ではだめだというので、久しい間誰れもこれを関東地へは持ってこなかった。ただ大阪辺の植木屋仲間ではこれを盆栽にしていたので、その仲間では少々知られていたから、あるいは少しは東京の植木屋でもその盆栽を持っていたかもしれないがとても地栽えにすることなどは思いもよらなかった。その木が偶然熱海へ来てみると存外勢いよく育つので、そこで同地では年々花が咲くようになった。

この桜はその学問上の名をプルヌス・カムパヌラータ（Prunus campanulata Maxim.）と称するが、この学名を付けた人は露国の植物学者のマキシモウィッチ氏であった。ここに面白いことは、その命名ならびに研究の材料が大阪の植木屋で得たものであったことだ。その種名のカムパヌラータは「鐘形ノ」という意味で、それはその桜の花弁が正開せず常に半開きで、それがちょうど鐘の形をしているからである。

この暖国産の桜が意外にも熱海でわけなくよく育ちよく開花するので、これを眺めた私はたちまち一つの熱海繁栄策が胸に浮かんだので数年前これを発表しておいた。熱海人がこの私の説に賛成してくれいよいよそれを実行するとなれば、熱海はこの桜でいっそうその繁昌を増すことは請け合いである。そしてそれを実行するのに多額の費用を要するかというと、それはしれたもので、つまり苗木代と栽える手間賃と栽えた後の手入れ費とがその主なものである。しかし私のもくろみではその苗木は少なくて千本、多くて五千本は入用である。

苗木の用意が整うたらこれを一所に栽えることだ。これを広い地域へそこここと一本一本分散して点々と栽えたのではだめだ。それでは効果が充分にあがらない。

一つ熱海の適当な区域を撰んで、一目千本といわるる吉野山の桜のようにこれを一所へ栽え、大きな桜林を作るが必要だ。いずれから眺めてもこの上にもない良い場所へ。

そしてまずこれが適所に栽わったと仮定する。そこで今度は、いま一つ従来から単に寒桜（学名はプルヌス・カンザクラすなわち Prunus Kanzakura Makino）と呼ばれている桜がある。これは薄桃色すなわちいわゆる桜色の花がもう二月頃に咲く。花色が一方の緋寒桜より淡いから、人によってはこれを白寒桜と言っている。この樹はそう一方のものほど寒を怖れないから熱海辺では最もよく育つ。現に同地では諸所にこれを見、かの熱海ホテルの庭にはだいぶそれが栽わっていて、その時期にはよくその花が咲いている。

この寒桜の苗をもまた少なくて千本、多くてまず五千本を用意する。そしてこれを前の緋寒桜の林へ接続させて林を造る。

だんだん年を経て右の両種の桜の木が生長し繁茂し、さかんに花を着くるようになった後日を想像してみると、どうでしょう、一方の林には赤色の桜が満開し、一方の林には白色の桜が競発して赤白の花が同時にほころび、その盛観たとえるにものがないでしょう。これに加えてそれが一月から二月へかけてのことだ。ふつうの桜はたとえ早い彼岸桜であってみても、まだ眠りから醒めやらぬ前だ。ああそれなのに熱海にははや赤白二色の桜が満開だ。それを見逃してはなるものか。そら行けというわけで熱海行きの汽車はどれもどれも超満員だ。こうきたらどうでしょう。同地宿屋の亭主の顔はそれでもしかんでいるでしょうか？　その他同地の迎客場所はいずれも景気の好いこと請け合いでしょう。

決してうぬぼれや自慢で言うのではないが、私はこれは実行容易、断行有利な熱海繁栄策の一名案だと確信するがどんなもんでしょうかな。この案は専売ではありませんからだれでもご遠慮なくご実行なされてしかるべく存じます。

熱海がやらねば伊東がやる、やあどこやらがやる、となるとこの名案は早くも熱海の専有でもなくなる、というような恐れがないでもないな。

なんの縁もゆかりもないのに、あまりに熱海に同情し桜のことで力んでみたので、ほかの方がお留守になりかけてきた。そこで方面転換が必要になった。

今頃東京の郊外へ出てみると、無論そこここに常磐木の林もあるがまた水流の付近などには蕭条たる枯林が連続している。さてこの枯林はなんであろうかと近寄ってみると、それは昔ハリノキと言ったハンノキだ。見上げてみるとなんだか枝の先にブラブラしたものがたくさん付いて下がっている。しばらくじっと眺めているうちに、前に書いた寒い風がときどき木の間を通して吹いてくる。そのせつなだ、小枝が動き枝端に下がっているものもゆらぐと、なんだか煙のようなものがぱっぱと出る。おかしい、なんだろうと注意してみると、それはその枝から下がっている花の穂から出てくる黄色い花粉なんだ。こんなに寒いのにハンノキはは早や花か、それではハンノキをハヤノキと改名してもいいじゃないかと、ややくだらん駄じゃれを飛ばしたくなるが、とにかくこのハンノキは今が雌雄結婚のまっ最中で、オスもメスもこの寒いのにめげずクライマックスである。そしてその結婚の月下氷人《なこうど》は風だ。それでこんなのを風媒植物ととなえる。無心に吹く風に対しては招牌《かんばん》はいらぬから、このハンノキの花にはかの虫媒植物が備えているような色のある花弁は持ち合わせていない。ゆえに植物学者以外の人々には有っても無きがごとき花である。

あの枝から下に垂れた花穂からは前に述べたように花粉を煙のように吐き出すが、それは雄花である。さらに雌花穂が上向きになって枝の先に生じ、小さいながらもたくさんな雌花が鱗のようにそれに重なり付いている。雄穂は上からブラブラと下がって花粉を吐きおろし、雌穂は上向きになってその花粉を受けとめる工夫は、まことに自然によくできたもんだ。このような自然の技工はいつもうまい、さすがだね。

このハンノキの花こそじつは百花の先がけというべきものであれど、惜しいことにはあまりに地味であるのでだれもかえりみる人もなく、ちやほやされずに淋しくその青春の期を過ごすのだが、しかしハンノキそれ自身はそれをなんとも思わずいっこうになんの不平もない。彼はただその生殖さえ遂げて安全に実と種子とをこしらえさえすればそれで満足で能事おわり、彼の家庭は円満だ。

ハンノキはふつうこれを薪とするために林に仕立ててあるが、また一方ではその樹皮と実とが染料になるので昔から知られていた。それはどんな色に染まるかと言うと黄褐色に染まる。そこでそれが染料になるというところから文学上で混雑をひき起こしている。すなわちそれがこのハンノキとハギ（萩）との角逐である。かの万葉集の歌で学者を闘わしめている幾問題の中で、これもその一つである。

引馬野ににほふはり原入りみだれ
衣にほはせ旅のしるしに

の歌のハリ原は、一方の学者はハンノキ原だと言い一方の学者はハギ原だと主張する。両方の言い分を聴いてみると、ハンノキの皮も実も衣を染むるに用いたものだと一方の人は言い、またハギの花で衣をすったものだと一方の人は言う。考えてみるとどちらにも一理屈があって容易にその賛否を決しにくい。しかし両方ともに、単にそんなもののある引馬野の原野を通過したのみでは問題にならない。なんとなれば、それがたとえハギの花であったとしてもただその花の中へ入ったばかりでは衣は染まらない。またハンノキの実だってやはりそこを通過しただけでは同様衣が染まらない。これはぜひともそれを採ってきた後の問題だから、引馬野を通ってそれを土産に持ってきてそれからのことだ。それをお土産とするとすると、それはハンノキの実でもハギの花でもどちらでもよいことになる。これはその歌のできた当時であったらすぐにも解ったろうが、今日になってはもはや水掛け論におわるよりほか仕方がないでしょう。それはどちらでも意味が通ずるからである。がしかし、今日と同じく昔にあってもハギを決してハリといわなかったとの証明ができれば、この引馬野の歌はハリノキ、すなわちハンノキの方へ団扇があがるであろう。

ぜんたいハリとは昔からの古い名であろうが、それが果してどういう意味か、あえて吾人をして首肯せしむるに足るべきものがないのでなんとなくもの足りない。人によってはハリは刺でハリノキは刺ノ木だと言っていれど、このハリノキには刺とさすべき何ものもないから無論この語原は落第だ。また人によりてはこの木は伐ると芽が吹いて茂りやすいから、芽が張るの意味でハリと呼ぶのだと言えど、これもまたわが頭にはピンと来ない。ひっきょうハリはなにか別の意味をもったものと察するが、これは語原学者の徹底した解釈に待ちたい。

今もなおそうであるが、昔からこのハリノキすなわちハンノキに名詞として榛の字を用いている。がこれは正しいことではない。昔の人がよいかげんの字をあて用いたもので、じつ言うところの榛の字は字音シンでハシバミの漢名、すなわち支那名である。榛は蓁々という形容詞の蓁の字に通ずるから、ハリノキ（ハンノキ）にこれを用いたものだとどくのは牽強附会の窮説であると私は信ずる。また学者はよくこのハンノキに赤楊の漢名を用いるけれども、これもまた誤りであると思っている。つまりハンノキには支那名が見つからないのだ。

かの地名の榛原《はいばら》だの榛沢《はんざわ》だのは、もとこの木の繁茂していたところに基づいて名づけたものである。

ハンノキはこれくらいにしておいて次は梅だ。春の花と言えばまずどうしても梅が顔を出す。梅はだれでもよく知っているのでその講釈は無用と心得るが、それでもちょっと一言せぬと気がすまない。

梅は遠い昔に隣国の支那から来たものだが、今は広くわが邦に拡まりどこへ行っても見らるるのであえてエキゾチックな感じがしなく、まったくわが日本固有の樹のように思われる。

その梅の実を人が食うからそのタネが方々へ散らばり、また自然に木からも落ちるのでそれが往々河畔や山際や原頭などに野生の状態となり、いわゆる野梅的のものとなっていることがあるが、これは無論本来の野生ではない。今九州の豊後、日向のある山間には、今日みればどうしても野生と言わねばならない梅があるそうだが、それでも私は梅は決して日本のものではないという感じが深い。右の九州のものは早晩ぜひ一度踏査して見ねばならぬと思っている。

ウメの語原については四つの説があっていずれにも一応の理屈があるので、果してそのどれが正説であるかなおよく検討すべきである。まずその第一は烏梅説である。烏梅とは梅の実を乾かし燻べたもので、昔それが薬品となって支那からわが邦に渡ったが、ウメはこの烏梅のウバイ、すなわち支那音のウメイからだと言わるる。第二は梅の支那音説である。すなわち梅の支那音はメイであるのでそれを言うとき、そのメイの発音の上へ発頭音のウを加え尾音のイをサイレントして、それでウメになったと言われる。第三は大形果実説で、すなわちウは太い意、メは実すなわちミの転化で大いなる実の意を表わし、それがウメの語原だと言わるる。次の第四は、ウメのウは発頭語でメは朝鮮語だと言われている。このようにウメの語原が動いているところをもってみると、なおウメの名の原意をさらに研究してみる必要を痛感する。

梅が上古にわが邦に渡ったときは、たぶん種類は一種か二種かきわめて少なかったことが想像せらるる。またその後支那から変わった種類が来たとしても、それはわずかなものであったであろう。もしもこのように来たものだけであえて変化がなかったならば、その品種はじつにわずかなものであったであろうが、それが今日ではわが日本で四百種内外の品種数に達しているところをもってみれば、その多数の変り品すなわち園芸的品種はわが邦でできたものである。永い間培養せらるると人工的にこんな変化が生じ、天然に任せおくとそう変化がないところを見、そこで人為工作と天然工作とを比較して考えるとなんとなく興味があって、人間の自然に対する力もそうばかにはできんことが看取せられる。今日大根や菜の品種にいろいろあるのは、人間が天然を翻弄したおかげであるとも言える。

梅の中で実のごく大なる豊後ウメ、ごく小なる小ウメ、一名信濃ウメ、一名甲州バイなどみな日本でできた品々である。

観賞眼から梅の花に対しては、その花色も花姿もまたその芳香ももとよりたいせつであるのに相違はないが、またその樹態、枝勢ならびにその環境もたいせつであって、これが揃うて初めて一段とその価値が高まる。中にも白梅は千樹万樹を一望するによろしく、紅梅は近く一樹一樹を見るのがいいと思う。白梅の一株が雪のごとく一白に見えてそしてこの上もなく純潔に感ずるのは、緑萼梅の林である。それはふつうの梅のように赤紫の萼色がまじらないので、白はますます白く見える。世人がもしもこのごとき花を賞せんとならば、天晴れし日、すべからく湘南国府津西方の一駅、下曽我に下車し、杖をひいておもむろに圃間を逍遥すべきだ。必ずや低徊去るあたわざる執着を感ずるなくんばあらずであろう。
枝椏縦横に交錯する梅花林の間をぼくして小高台を仮設し、これに登り前後左右雪白の麗花、浮動する清香の間に月を帯びて仮寝するのは、この上もなく雅懐を養うことになるであろうと私はひそかに羨望し、もしもわが庭に幾株の梅樹のあるならば、まず自らこれを試みたいと思うけれども、うらむらくは庭裏ただの一株もこれなきをいかんせんかなである。たとえ羅浮の夢は結ばんで見ても、せめては多少の吟咏は得らるるであろう。梅花々下の肘枕、花神は必ずやその風流を憐れんでくれるであろう。

（『植物記』より）

豊後に梅の野生地を訪う

九州の豊後ならびに日向の地には梅の野生地があると聞き、ぜひ一度はそれの実地見分をいたしたいものと思っていた。しかしなにぶん東京より遠い九州のことであるので、思うにまかせずこれまでその希望が達せられなかったうらみがあった。

ところが今回、かねてあこがれていた梅の野生地を実地に見ることを得て、初めてその状況が判明し、年来の切望を果たすことができた。

私は昭和十五年十月十八日東京を立って、かねて招きにあずかっていた広島文理科大学へ、学生の実地指導と講義とに出かけた。それが済むと、同月三十一日宇品港から出航して、その翌日すなわち十一月一日早暁に豊後の大分市に上陸した。

同地では大分県教育会が主となり、同国の臼杵町、佐伯町を中心として四日間植物の採集会が催されたので、ヘッカニガキの大木ある四浦村久保泊にも行き、またショウベンノキ、モクタチバナ、ヒゼンマユミ、スナゴショウ、クルマバアカネ、イワガネなどのある津久見島へも行った。

上の四日のうちの十一月三日に梅の野生をビジットすべくおもむいた。すなわちその目的地は豊後南海部郡因尾《いんび》村の地内であって、そこは佐伯町からやや南よりの西方七里ほども奥の地点で、井ノ内谷という所である。ここは左右は山で、一条の渓流が山間の奥から流れいで、入口の辺はその流れの付近にボツボツ農家が点在しているが、奥の方へいたるにしたがい人家はなくなる。このなくなったなお奥の方から渓流の両岸に沿うて梅の樹が断続して野生していて、その数はすこぶる多い。そして古木もあれば若木もある。また渓流へ落ち込む小さい谷川の奥、すなわち人家のない山間にも生じているといわれる。すべてみると井ノ内谷のその樹の総数は大小をまじえてざっと千本ほどもあらんかとのことである。

今はちょうど晩秋であれば、その葉も半ばは散っていてなんの風情もこれなく、ただ大小の繁き枝が梅独特の樹勢を見せているにすぎないのであったが、しかし春の花のときはまったく俗塵を離れた境地でなかなか佳い眺めであるといわれる。

聞くところによれば、以前はしかたのない無用の樹として伐りすてしだいにしたこともあり、植木屋が盆栽用としてその株を掘り取りに入り込みきても、村人はかえってこんな邪魔な樹を除いてくれると喜んでいたとのこともあったが、近年その樹の減るのを惜しむ人々ができてそれは禁制にしたそうだ。そして今日では時局がら梅の実に値が出てきたのでかえってその樹をだいじがり、もっぱら実を採ることにしているとのよしである。

この梅は支那と同様に果して日本にも天然に野生していたのか否か。私のひそかに考えるところでは、元来梅は日本の固有種ではないと断じたい。そしてこれはよほど遠い昔に桃や李《すもも》と同じように支那から伝えたものであろうと信ずる。九州は太古、大陸からの人種が古く入り込んできた地であるから、それらの人々によりて持ちきたされ、それがもととなって、大昔その人種の入り込みしところにしだいに繁殖し、今日では世の変遷につれてもはやその人種はそこにいなくても、またその住所跡はまったく湮滅《いんめつ》して今はまったく見られなくとも、その梅は依然として爾来悠久な星霜の間、葉落ち花開いて連綿その生を続けているものであるであろう。見渡すところ今日非常に古い老樹は見当たらんが、これは元来梅はスギ、クスノキなどのように、そう永年生をとげ得る樹ではないので、その間新陳代謝し、したがって今では古代の樹は認め得られぬのである。そしてその繁殖はその梅の実が自ら地に落ち、すなわちそこに自然に仔苗が生えてほしいままに生長するのである。梅樹が主として渓流に沿うた地にあるところをもって見れば、梅の特性はこんな土地を好むものと見て差支えはなかろう。それはちょうどカワラハンノキ、あるいはネコヤナギが河辺の地を好んで生活しているのと同じりくつで、水を見て暮らすのがかれの天性でがなあろう。

なお大分県の「史蹟名勝天然記念物調査報告」第十五輯によれば、上のほか、梅の野生地は、やはり南海部郡のなる因尾村の黒岩、切畑村の提内《ひさぎうち》、上堅田大越《おおごえ》の船河内《ふねかわち》、同じく富士河内《ふじかわち》、下堅田の石打《いしうち》にもあると記してある。そしてなおその他そこここにもあるとのことである。また日向の国の北部地にもあると聞いた。

昭和十五年十二月十四日大分県別府の温泉客舎にて記す。

花の先がけアジアの梅

早春百花に先がけてひらく梅は、確かに天下の尤物《ゆうぶつ》である。それはアジアの東辺、支那の原産で、往時わが邦に入り来たったものだ。その梅を今日、日本の人は「プラム」（Plum）だと思っている。それは梅の花をPlum Blossomsだと書いていっこう平気だ。梅が泣いていらあ。世間にたくさんな英学者はあるが、だれもその誤りを正した人がない。だれかひとりくらいはその蒙を啓《ひら》くものがありそうなものだが、だれもない。元来「プラム」とはなんだね。それは西洋種の李《すもも》のことだよ。日本の李とはよく似たものだが、梅とは違う。学問上では両方とも同じ属だけれどもまったく別のものだ。なおむつかしく言えば、「プラム」はPrunus domestica L.という学名のものなので、梅はPrunus Mume Sieb. et Zucc.という学名のものだ。だれもかれもこの西洋李のプラムを梅だときめ込んでいるから世の中は泰平なものだね。少しでも植物種類の知識のあるものはそんな馬鹿な間違いはしないで、梅をばJapanese Apricot（梅は杏に近い種類ゆえこのように西洋人が名づけたものだ）と正しく書くよ。そうしなければ梅のことにはならんからね。「プラム」は西洋李のことだから梅を「プラム」というのはちょうどDog（犬）を指して猫だとすまし込んでいるのと同じことだ。Dogがニャーオ、ニャーオと啼くと書いたら、西洋人は腹を抱えてどっと吹き出すだろう。こんな分かりきった誤りが正せないのを見ると、英学者も名実を正すことには案外無気力なものだと情なくなってしまう。全体「プラム」を梅だといい始めたのはだれだと尋ねてみると、徳川時代の日本の蘭学者のある者もそうだったが（たぶん当時の蘭人がそう言ったのを聞いて書いたのであろう）、また『英華字典』の著者のロブスチード氏や、『和英語林集成』の著者のヘボン氏などがこの間違いをしたものだ。そこにいたっては、これも早く出版せられたいわゆる枕辞書の『和英対訳袖珍辞書』や、またいわゆる薩摩辞書の『和訳英辞書』ならびに『和訳英辞林』や、また開拓使辞書の『英和対訳辞書』には、まずほぼ正しくPlumを李の実、Plum-treeを李樹《すもものき》と訳してあって梅とは決して書いてないから面白い。すなわち一方はかしこすぎて誤訳をあえてし、一方は正直であってあやまちがない。また「プラム」を梅というもんだからある学者は、梅は欧洲が原産地でそれから東洋方面へ拡まり来たったと書いて識者の笑いを買ったこともあった。

「プラム」を梅だと思い込んでいると、ときどきとんだ間違いが生ずる。上のようなわけだから、これまで永く濡衣《ぬれぎぬ》をきせられておった「プラム」の名は、一刻も早くもとの西洋の李へ還しておいて、梅の英語としては天下晴れてのJapanese Apricotを用うべきである。それとも梅の学名はPrunus Mumeであるからかの Harakiri（腹切）、Riksha（人力車）、Shogun（将軍）、Samurai（士）、Kimono（着物）などの例にならいて、いっそ簡単にMumeとするかな。梅の花Mume Blossoms

あまり見苦しい字面じゃないね。

辛夷はコブシではなく木蘭はモクレンではない

古くからわが邦ではコブシを支那の辛夷だとして怪しまず、どんな人でもそう思いまた書いているのだが、これはとんでもない間違いであることを私は断言してはばからない、と、臆面もなく公言するものは今ただ私ひとりかも知れないがいまに万人の声となるであろうこと請け合いである。

コブシはよく人の知っている一つの花木でモクレン科に属し、Magnolia Kobus DC. の学名を有し、山地あるいは平地にも生じている落葉喬木であるが、しかしそれを庭園に見ることは割合に少ない。

コブシの花は葉に先だち春にひらいて枝に満ち、遠くより眺めるとあたかも白雲の停まるがごとく見える。近寄ってこれを見ると、花はむしろ大きくて直径およそ三、四寸ばかりもあり、諦視すると六片の白色花弁の下に接して花弁よりずっと小さい三片の淡緑色萼片があり、花中には多数の帯紫黄色雄蕊と、多雌蕊をそなうる緑色の一蕊柱とがある。萼花弁が散り去るときその雄蕊もともに脱落し、ただ花芯の雌蕊柱のみが残留し、新葉の舒長開展とともに漸次に生長増大し、秋季におよんでその倒卵形葉の老ゆる時分に、その中軸におおい付ける多くの果実すなわち蓇葖《コットツ》（Follicle）が秋風に開口すると、中から赤い仮種皮（Aril）のある種子が出て白い糸でぶら下がる。そして鳥は来ないもんかとそのついばむのを待っているが、このとき往々既に早くその葉が樹を謝して、その果体がひとり枝上に残りいるのを見かけることがある。そして多くの赤子があらわれて樹上が一面に丹赤色に彩られているのに逢着することがときどきある。

モクレン　辛夷　（Magnolia liliflora Desr.）
（小石川植物園草木図説による）

コブシの蕾は既に前年の秋に、なお依然として葉のある枝端に用意せられ毛のある苞に包まれているが、この苞は翌春花どきに、蕾のまだ嫩い時分に早く既に解け去るのである。それはちょうどモクレン、ハクモクレン、シデコブシなどの同属品と同じように。

コブシの樹が独立していちじるしくよく成長すると、その幹が一かかえ半ほどにもなり高さも数丈に達し、樹容が円卵形を呈し枝椏繁く、花どきにはじつに幾万点の花を着くることが見られる。このごとき樹は花の咲くとき遠くよりこれを望むと、その北側面はなおいまだなんの異状も認め得ざるに、日光を受くるその南側面の蕾は早くも雪の淡粧をしたごとく白色を呈しきたり、半白半暗、すなわち南白北暗の樹相となり日を経て漸次全白に移り、すなわち樹上一面、南枝も北枝もついに渾然一体に満開の花を見るにいたるのである。私はかつてこのごとき模範的な大樹（コブシとしては珍しい大樹）を東京渋谷の北隣隠田《おんでん》の地で親睹し、今からおよそ三十年程前に撮影しおいた写真が今私の手もとにある。惜しいことにはこのコブシの珍しい大樹もとく既に無情に伐られて、今そこにはなんの面影も存しなく、ただ前記の写真がそのありし当時を物語っているにすぎないことになってしまった。

陸前の仙台に政岡の墓があって、その墓畔に伽羅《キャラ》ノ木と俗称して栽えてある木はまさしくこのコブシである。そのかみ仙台侯は伽羅の下駄を履いたとの俗説があり、コブシの木には匂いがあるからそれで右を伽羅ノ木ととなえ政岡の墓畔へ植えたものであろう。またコブシから採った油を伽羅ノ油と昔いったとのこともあるから、かたがたコブシの木を選んで植えたのかもしれない。だれかがこの墓畔の木をハクモクレンだと言っていたが、それは無論疑いもない間違いである。

さてこのコブシを昔はヤマアララギともコブシハジカミともとなえた。今からちょうど一千五十六年前の寛平四年（西暦892年）になった僧昌住の、『新撰字鏡』に早くも山阿良々木と出ているから、この和名は最も古いものである。次いで深江輔仁の『本草和名』にも同じく也末阿良々岐と書いてある。次に源順の『倭名類聚鈔』には夜末阿良々木《ヤマアララギ》とも古不之波之加美《コブシハジカミ》ともあってここにコブシハジカミの名が始めて出ている。次に丹波康頼の『和名本草』、すなわち『本草類編』にも『倭名類聚鈔』と同様に也末阿良々木と古不之波之加美とが出ているが、なおその上に己不之の名も書いてある。すなわちこれがコブシなる単名の出はじめである。そして同人の『医心方』にも也末阿良々木と古不之波之加三とが出ている。次に『下学集』には単にコブシと出で、林道春の『新刊多識編』には古布志波志加美、今いう古布志と書いてある。今これによってこれをみるときは、始めは単にヤマアララギであって次いでコブシハジカミともいわれ、後になってついにコブシというようになったので、今日ではだれも古名では呼んでいない。そしてこれらの和名は上の『新撰字鏡』を初めとしていずれもみな支那の辛夷に当てたものだ。

『倭名類聚鈔』の箋注者狩谷棭斎《やさい》（この棭はネムノキの和字であって掖《えき》ではない）は、「按ずるに辛夷は其樹山中に生じ、味辛くして蘭蒿草の如し、故に夜万阿良良岐と名く、其花未だ発かざるは人拳に似たり、味辛きこと椒の如し、故に古不之波之加美と名く、後俗省て古不之と呼ぶこと『古今著聞集』に見ゆ、今俗も亦然り」（漢文）と述べてその名の由来を明らかにしている。これによってみれば、コブシの和名は人の握れる拳の形に比し、またその拳は蕾の形から来たものである。古人の歌に「うちたえて手をにぎりたるこぶしの木、心せはさをなげく比かな」とあり、また「時

辛夷（Magnolia liliflora Desr.）
（八種画譜中の木本花鳥譜）

しあればこぶしの花もひらけゝり、君がにぎれる手のかゝれかし」ともあってともに拳に縁がある。こんなことをみるとコブシの名はいよいよ人の拳の形から出たように想われるが、しかしコブシの蕾は実際はそう人の拳には似ず、かえってその凹凸磊砢《らいら》な果穂の形が人の拳にほうふつたる点がある。

前記のとおり狩谷棭斎はコブシの名が橘成季の『古今著聞集』に見えていると書いているが、これは同書巻の十八に出ている次の文章の中にある。すなわちその文は、「仲胤《ちゅういん》僧都法勝寺御八《みはっ》講《こう》にをそく参たりければ追出されて院の御気色あしくてこもりいたりけるに次の年の春人のもとよりこぶしのはなをおくりけるを見てよめる　くびつかれかしらかゝえて出しかどこぶしの花のなをいたき哉」である。しかしコブシということはもとよりこの書が初めてではなく、それは既に前にも書いたとおり丹波康頼の『和名本草』すなわち『本草類編』に出たのが最初であって、その次がこの『古今著聞集』、またその次が『下学集』である。

上に述べたコブシが辛夷でないとすると、しからば辛夷はなんであるかという問題になる。辛夷という植物は元来支那産の落葉灌木で、その嫩蕾の毛苞があたかも嫩いツバナすなわち荑のようで、かつこの蕾の味が辛いからかく辛夷ととなえられ、また一に木筆とも呼ばれる。なおその他に辛雉、侯桃、房木ならびに迎春の異名がある。この辛夷は支那ではごくふつうの花木であるようだが、それが古く支那からわが邦に渡来し、今はひろく邦内の諸州に拡まり、諸所の人家庭際に栽えられてあるが、その的物はすなわち吾人の称するいわゆるモクレンそのものである！辛夷が今日吾人の通称するモクレンであらねばならぬことは、今ここに転載する支那の書物の『八種画譜』中の「木本花鳥譜」にある図、ならびに『秘伝花鏡』にある図を見ればすぐ合点が行くはずなのだが、世の学者連がこれに気付かなかったのはじつにふしぎ千万である。が、これはたぶん先入主となってこびり付いた考えから辛夷はコブシで候と思いつめていたのであろう。歴代のえらい学者もみな異口同音にそう言うもんだから、一切合財そうなってしまったのだ。なお右の「木本花鳥譜」の図に伴う文は「花は蓮の如く、外は紫にして内は白し、蕋は筆尖の如し故に木筆と名く、一名は望春、俗に猪心と名く、本は就て玉蘭に接くべし」（漢文）（牧野いう、この文中の蕋は蕾のことである）である。

この木筆というのはその蕾が筆頭の形のようだからいうのである。支那人はこの蕾の姿に興味

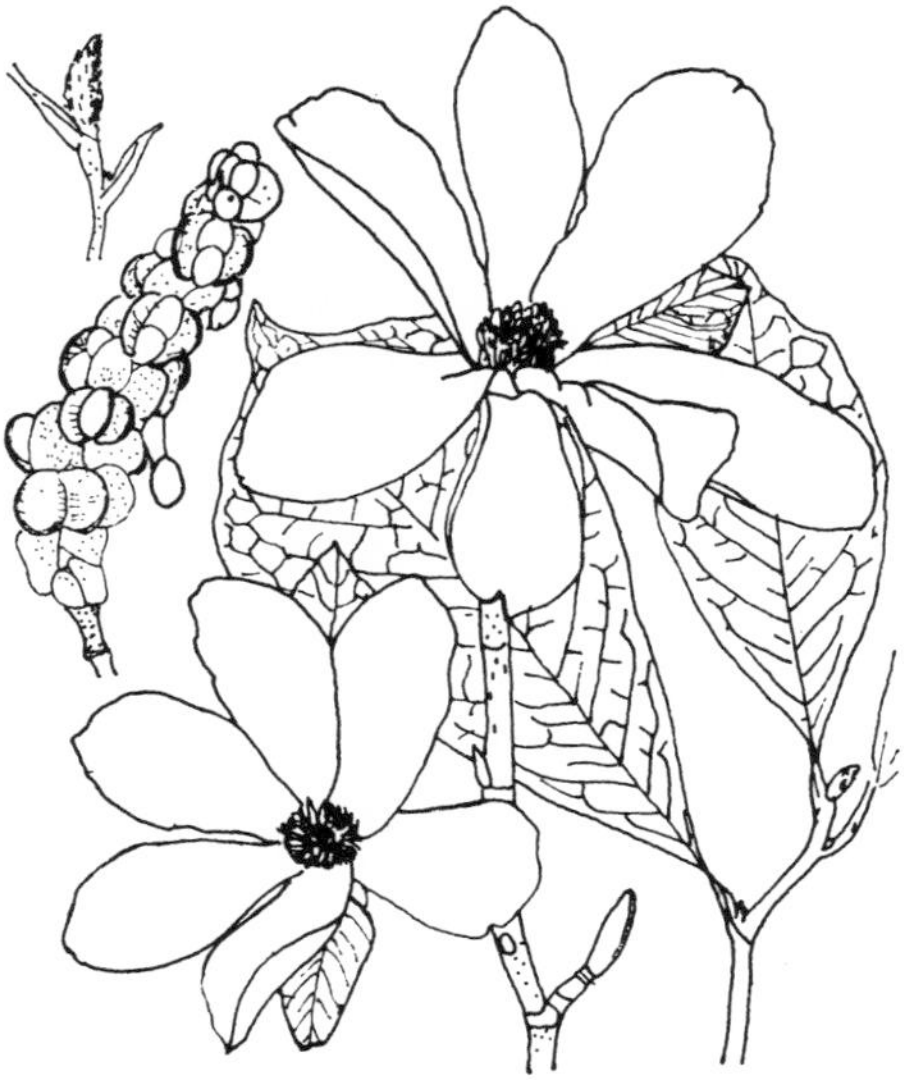

コブシ（辛夷にあらず）（Magnolia Kobus DC.）
（果実の図はSargent氏による）

をもち「木筆空ニ書ス」などの雅語があるが、実際春の日に高低参差として多少彎曲せる多数の筆尖蓓蕾をその樹上に見るのはすこぶる風情がある。そしてその花弁が「外は紫にして内は白し」というのは、このモクレンの花が初めは色が濃くてそう目立たないが、後にはその弁の内面は白色を増し、少し隔たりてこれを眺むればその花内が白く見えるがゆえに支那人はこれを外紫内白と書いたもんだ。しかしその白色はかのハクモクレン、すなわち玉蘭の花のように純白になっているのではなくて、ただ大分しらけているという程度のもので、つまり紫色のごくごく淡くて白ずんだものだ。

蕾が嫩くなお毛苞に包まれ、小形で尖鋭なるとき、それを辛夷と称して薬用に供する。ゆえに漢薬に辛夷とあればそれはモクレンの嫩蕾でなければならない。なんとなればそれが辛夷のほんものであるからである。しかしわが邦特産のコブシでもまたタムシバ（カムシバが真正な名称）でも、もとより同属の近縁者であれば、その蕾を採って辛夷の代用品にはできる道理だ。

日本の庭園に花咲くいわゆるモクレンは、玉蘭のハクモクレンと同様もとは昔に支那から渡り来たったものである。そしてその学名は Magnolia liliflora *Desr.* であってさらに *M. Purpurea* Curt. だの、*M. obovata* Willd.（non Thunb.）だの、または *M. discolor* Vent だのの異名を有する。ゆえに辛夷の学名は当然右の Magnolia liliflora *Desr.* そのものであらねばならない。たぶん明治の初年頃かあるいはその直後頃でもあったろうか、恐らく支那からであろう、辛夷の一変種が日本に渡り来たって、ときにこれを見受けるのであるが、これは樹が小さく、葉も質薄く、花弁も狭くあまり見栄えのしない品である。これも少し隔たってその花を望むと、その花の外面は紅紫色であれどもその内面は白けて見える。これをトウモクレン（唐木蘭の意）と呼び、その学名を Magnolia liliflora *Desr.* var. gracilis *Rehd.* と称する。小石川植物園にはこれが植えてあるが、私の庭にも一株あってよく成長し、春に多くの花が咲く。幹枝は伸長する性質があり、株は本からまだらに叢生しており、いったいにモクレンに比べると痩せぎすである。そしてこの品はあまり世間には見当たらないが、庭園花木としてはモクレンよりは柔らか味がある。私はこれをヒメモクレンともいいたい。

従来の学者、いな、世間一般の人々はだれでも、元来はまさに辛夷でなければならないはずのいわゆるモクレン、それは日本人のいっているモクレン、を支那の木蘭に当てて疑わず、そこでいわゆるモクレンの名もできたわけだが、しかしこのモクレンは決して支那の木蘭、したがって漢名の木蘭そのものではなく、すなわちそれは前述のとおりまさに辛夷であって、辛夷がいわゆるモクレンである。モクレンを昔は早くモクラニといったことが『本草類編』ならびに『倭名類聚鈔』に出ている。それが後に音便によってモクレンとなったのであろう。木蘭の一名を木蓮というのだがこの名はあまりふつうではないからたぶんモクレンはこれから来たものではないであろう。

支那でいう本当の木蘭は今日もとよりわが日本では見ることのできない一種の常緑喬木で、その樹状が楠《ナン》に似ている。この楠はわがタブノキすなわちイヌグスに似た支那特産の常緑喬木で無論日本には産せず、この楠をクスノキだのユズリハだのに当てるのはまったく非であって、その学名を Phoebe Nannu *Gamble* といい、その一名を *Machilus Nannu* Hemsl. または *Persea Nannu* Oliv. と称する。そしてこの木蘭はその幹の高さおよそ五、六丈にも成長し、その材木の肌は木理が細ぢで棺を造るのに良好であり梓人《しじん》〔牧野いう、棺を造る大工〕に珍重がられるとのことである。葉は肉桂のようで厚質大形、葉中に三縦脈が通り、その樹その葉は辛香で蘭のごとく、その花は大形であたかも蓮花のようで香色艶膩、花弁は外が紫色で内が白色、すこぶる美麗であることは次の白楽天の詩で見ても想像がつく。

紫房日照臙脂拆、素艶風吹膩粉開、怪得独饒脂粉態、木蘭曽作女郎来、
如折芙蓉栽旱地、似抛芍薬挂高枝、雲埋水隔無人識、唯有南賓太守知

なお詩には往々「木蘭舟」あるいは「木蘭船」の語が使用せられ、またわが日本の学者の作った詩の中にも「木蘭舟中斬蛾眉」の句もある。すなわちこの木蘭の材は巨大なものであるから、棺槨に用いられる外舟材、船材としても使用せられるのである。

この木蘭はやはりMagnolia属のものであることは疑いはないが、しかしその種名はもとより判然しなく、まったくわれらには未知の一樹である。李時珍の『本草綱目』によれば、それの一名を杜蘭とも林蘭とも木蓮ともまた、黄心樹とも書いてある。また白楽天の『長慶集』には「木蓮樹〔牧野いう、すなわち木蘭を指す〕は巴峡山谷〔牧野いう、湖北省の西境四川省に接する所の楊子江の河峡地〕の間に生じ巴民は亦呼んで黄心樹と為す」（漢文）と出ている。そしてこの黄心樹はその心樹が黄色だからそういわれるとのことである。わが日本の本草学者などはこれをわが邦暖地に生ずる常緑喬木のオガタマノキ（Michelia compressa *Maxim.*）の漢名として特に用いていたことがあったが、これはもとより当たってはいなく、そしてオガタマノキにはなんらの漢名もない。

木蘭は早くも『神農本草経』に出でて上薬の中に列している。『紹興校定経史証類備急本草』ならびに『経史証類大観本草』には、蜀州木蘭と春州木蘭と韶州木蘭との三つの図が出ている。その中で蜀州品と韶州品とはあるいは同種かも知れんが、ひとりその春州木蘭のみはまったく別

種のもので葉に三縦脈があり、枝端の花穂らしいものはこれはけだしMagnolia式の果穂を描いたもので、その四、五裂せる花のようなものはたぶんその果実の開拆しているありさまを現わしたもの、またその重畳せるものは未開裂の実を現わしたものであろうと想像するが、この春州木蘭こそは恐らく木蘭の正品ではないかと考えられる。

以上現在行われているいくつかの誤謬を指摘して得たる結果は次のとおりで、すなわちこれが動かぬ正説であると私は主張する。

コブシは辛夷ではないこと
コブシには漢名はないこと
辛夷はモクレンであること
モクレンは木蘭ではないこと
木蘭の正品は大きな常磐の喬木であること
黄心樹はオガタマノキではないこと

（昭和二十三年発行『続牧野植物随筆』より）

カキツバタ一家言

花がつみまじりにさけるかきつばたたれしめさして衣にするらん　公実

狩人の衣するてふかきつばた花さくときになりぞしにけり　基俊

カキツバタはだれもよく知っているアヤメ科イリス（Iris）属の一種であって、Iris laevigata Fisch. の学名を有する。シベリア、北支那方面からわが日本に分布せる宿根草で、水辺あるいは湿原に野生し、わが邦では無論かく自生もあれど、通常は多くこれを池畔に栽えてある。

この草は冬はその葉が枯れて春に旧根から萌出し、夏秋に繁茂する。根茎は横臥し分枝し、葉は跨状式をなして出で、剣状広線形で尖り鮮緑色を呈して平滑である。葉中に緑茎を抽いて直立し一、二葉を互生し、茎頂に二鞘苞ありて苞中に三花を有し、毎日一花ずつ開く。花は美麗な紫色で外側の大きな三片は萼で、それが花弁状を呈し、その間に上に立っている狭い三片が真正の花弁である。萼片の柄の内側に一つの雄蕊があるから、つまり雄蕊は一花に三つあるわけだ。そしてその葯は白色で外方に向かって開裂し花粉を吐くのである。中央に一花柱があって三つに分れ、その枝は萼片の上により添うて葯を覆い、その末端に二裂片があってその外方基部のところに柱頭がある。この花は虫媒花であるから昆虫によって媒助せられ、雄花の花粉を虫が柱頭へ付けてくれる。そして子房は花の下にあっていわゆる下位子房をなし、花後に果実となりついにそれが開裂して種子を放出し、枯れた実は依然として立っている。カキツバタは紫花品がふつうであるが、またシロカキツバタという白花品もあれば、またワシノオと呼ぶ白地へ紫の斑入り品もある。そして本種は同属中で最もゆかしい優雅な風情を持っていて、その点はまったく同属中他品のおよぶところではない。さればこそ昔から歌や俳句などで決してこれを見逃していないのは、尤もなことだと思われる。

今カキツバタの語原をたずねてみると、これはその根元は「書き付け花」から来たものだといわれる。すなわちそれは国学者荒木田久老の説破するところで、この同氏の説はまったく信憑するに足るものと信ずる、よって今左に同氏の説を紹介するが、これは今からまさに百二十一年前の文政四年に出版となった同氏著の、『槻の落葉信濃漫録』に載っている文章である。

かきつばた

波太波奈《ハタハナ》の通ふ言につきて因に言　かきつばたといふ花の名は燕の翅《カケ》る形ちに似たれば翅燕花《カケリツバハナ》といふ言ぞと荷田大人のいはれしよし　師の冠辞考に見えたるをめでたき考とおもひをりしに按《オモヘ》ば是は燕子花とある漢字よりおもひよせられしものなり　熟《ツラツラ》考るに万葉七に墨吉《スミノエ》之《ノ》浅沢《アササハ》小《ヲ》

野《ヌ》乃《ノ》加《カ》吉《キ》都《ツ》播《バ》多《タ》衣《キヌ》爾《ニ》須《ス》里《リ》着《ツケ》将《キ》衣《ム》日《ヒ》不知《シラズ》毛《モ》又同巻に　かきつばた衣に摺つけますらをの服《キ》曽《ソ》比《ヒ》猟《カリ》する月は来にけりとありて　上古は今のごとく染汁を製りて衣服を染ることはなくて　榛《ハリ》の実或はすみれかきつばたなどの色よき物を衣《キヌ》に摺り着《ツケ》てあやをなせるなり　其摺着《スリツクル》をまたかきつくともいひて是も巻七に　真鳥住卯手《マトリスムウナテ》の神社《モリ》の菅《スガ》の実《ミ》を衣《キヌ》に書付令服児欲得《カキツケキセムコモガモ》とあれば　かきつばたは書付花《カキツバナ》也〔はなとはたと通ふは上にいふがごとし〕　着《ツク》をつとのみいふも古語也　つきつくつけなどいふきもくもけも用言に添る言にて元来つの一言ぞ着《ツキ》の意なりける　船のつく所を津といふにて知るべし

（以下省略）

右にてカキツバタの語原はよく解るであろう。

昭和八年六月四日に、私は広島文理科大学植物学教室の職員達と一緒に同校の学生を引き連れて植物実地指導のため、安芸の国山県郡八幡村におもむいた。この八幡村は同国西北隅の地でその西北は石見の国と界している。そしてこの村の田間の広い面積の地にカキツバタが一面に野生し、それがちょうど花のまっさかりな絶好の時期に出会った。私はつらつらそれを眺めているうちに、わが邦上古にその花を衣にすったということを思い浮かべたので、そこでさっそくにその花蓖《はなびら》を摘み採り、試みに白のハンケチにすりつけてみたところ少しも濃淡なく一様に藤色に染んだので、さらに興に乗じて着ていた白ワイシャツの胸の辺へもしきりと花をすり付けて染め、しみじみと昔の気分に浸って喜んでみた。私は今この花を見捨てて去るのがものうく、その花辺に低徊しつついるうちにはしなく次の句が浮かんだ。この道にはまったく素人の私だから、無論モノにはなっていないのが当り前だが、ただ当時の記念としてここにその即吟を書き残してみた。

衣に摺りし昔の里かかきつばた
ハンケチに摺って見せけりかきつばた
白シャツに摺り付けて見るかきつばた
この里に業平来れば此処も歌
見劣りのしぬる光琳屛風かな
見るほどに何となつかしかきつばた
去《い》ぬは憂し散るを見果てむかきつばた

なんとつたない幼稚な句ではないか。書いたことは書いたが背中に冷汗がにじんできた。

今から千余年も遠い昔にできた深江輔仁の『本草和名』には、加岐都波太、すなわちカキツバタを蠡実、一名劇草、一名馬藺子等と書き、次いで千年余りも前にできた源順の『倭名類聚鈔』にもまた、加木豆波太、すなわちカキツバタを劇草、一名馬藺と記し、次いでまた九百余年前に撰ばれた『本草類編』にも、加岐都波奈を蠡実と書いてあるのはいずれもみなその漢名の適用を誤っていて、これらはことごとく同属ネジアヤメの名である。

カキツバタを加木豆波太、加岐都波太、加吉都幡多、華己紫抜他、もしくは加岐都波奈と書くのは単にその和名を漢字で書いたもので、すなわちいわゆる万葉仮名である。またさらに同じく漢字をもって書いたものに、垣津幡、垣津旗、垣幡がある。またカキツバタの別名としてカイツバタ、貌吉草《カオヨグサ》、カオヨバナ、カオ花、貌花《カオバナ》、容花《カオバナ》、可保婆奈《カオバナ》、可保我波奈《カオガハナ》があるが、これらは主として古歌に用いられたもので、今日ではただカキツバタの一通名で一般にとおっていてあえて他の名では呼ばなく、ただときとすると略して、カキツと呼んでいることがあるにすぎない。

支那の植物に杜若《トジャク》という草があって、わが邦の学者は早くもこれをカキツバタであると信じた。そしてこの古い考定が今日まで続いて残り、俳人、歌人の間にはそれが頭にこびり付いて容易にその非を改むることをができず、したがって俳聖、歌聖と仰がれる人でもみなこの誤りをあえてしているから、今日の人々の作り出す新句新歌のうえにもやはり旧慣に捉われひんぴんとしてこの墨守せられた誤りの字面が使われていて、すなわちこれらの人々には草や木の名の素養がまったく欠けていることを暴露しているのは残念である。私はこのような文学の方面でもその間違いはどしどし改めていくことに勇敢でありたいと思っている。今日、日進の教育と逆行するのは決してよいことではあるまい。

全体わが邦で昔だれが杜若をカキツバタだと言いはじめたかというと、今から九百余年前に丹波康頼の撰んだ『本草類編』であろうと思う。そして同書にはまた、蠡実をもカキツバタとなしてある。次に『下学集』にも杜若がカキツバタとなっている。これでみるとカキツバタを杜若であるとしたのはなかなか古いことである。

この杜若なる漢名を用いたのが長い年の間続いたが、今から二百三十四年前の寛永六年にいたって、貝原益軒はその著『大和本草』でカキツバタが杜若であるという昔からの古説を否定し、あわせてその杜若は筑前方言のヤブミョウガ（ツユクサ科のヤブミョウガではない）すなわちハナミョウガ（ショウガ科）であると考定して発表した。

次いで稲生若水、小野蘭山などの学者が出て、今度は杜若はカキツバタでもまたハナミョウガでもなくこれはヤブミョウガ（ツユクサ科）であらねばならぬとの新説を立てた。そして右はこれら景仰せられた一流学者のしたことでもあるので、その後多くの学者はみな翕然《きゅうぜん》としてその説に雷同し、杜若はヤブミョウガであるとしてあえてこれを疑うものはほとんどなかった。

しかるにその後岩崎灌園がその著『本草図譜』で右先輩の説をくつがえし、この杜若なる植物はアオノクマタケラン（ショウガ科に属し支那と日本とに産し暖地に見る）であるとの創見の説を建てたが、これはけだし一番穏当な見方である。すなわち杜若はかくアオノクマタケランだとするのがまず間違いのない鑑定だと信じてよろしい。

これによってこれをみれば、杜若をショウガ科のハナミョウガに当てた貝原益軒の意見は、それは当たらずといえども遠からざる説ではあれど、しかし益軒の卓見がうかがい知られる。なんとならばこれは杜若を同じショウガ科のアオノクマタケランに当てた正説に最も近く、これをかのカキツバタだのヤブミョウガ（ツユクサ科の）だのに当てた説に比ぶればずっとその洞察が優れているからである。

サテ、杜若をカキツバタではないと一蹴したわが邦の諸学者、それは稲生若水、小野蘭山等を初めとして今日だれでもみな燕子花をカキツバタだとなえ納まりこんで涼しい顔をしているが、私はこれらの人たちのなんの苦もないようなお顔を拝見すると思わずハハハハハと笑いたくなる。そしてその誤りを負い込んでもいっこうそれに目ざめない不覚をあわれに感ずる。なんとならばカキツバタは断じて燕子花ではないからである。しからばすなわち世間一般の衆にそむいて、かくそれを否定する根拠がどこにあるのかと尋問せらるれば、すなわち私は躊躇なくただちにそれはここにあると即答する。すなわち今次にこれを述べてみよう。

カキツバタでは決してないぞとすべからく断定すべき燕子花の名は、元来宋の時代の朱輔（桐郷の人で字は季公）という人の著わした『渓蛮叢笑』と題する書物に出ていて、その文は紫花にして全く燕子に類し藤に生ず一枝に数葩（漢文）ですこぶる簡単しごくなものである。が、しかしその性状はまことによく言い尽している。そしてこの燕子花には紫燕ならびに煙蘭という別名がある。

今ここに上の『渓蛮叢笑』の文とカキツバタの形状とを対照してみると、その間に截然たる相違点があって、その燕子花が決してカキツバタにあたっていないことがただちに看取せられる。

このことは今から二百十五年前の享保十三年に『本草綱目補物品目録』（出版は宝暦二年）で、初めて後藤梨春が『渓蛮叢笑』に載っている燕子花は藤生でカキツバタには合わぬと喝破し、また畔田翠山もかれの『古名録』で同様な意見を述べ、ともにカキツバタを燕子花とする説を否定している。しかるに他の諸学者連はこの慧眼なる二学者の警鐘に耳をおおいあえてその誤りを覚らないのは憫然のいたりである。

カキツバタの花はその花形決して燕には類してはいない。しかしこれを燕子花だと信じている学者の中には、なるべくその花を燕に連絡さすように工夫し、「花は夏の頃さきて、そのはなびらの、ながくなびきて、しなやかなること、燕の尾に似たり」と書いたものなどがある。元来燕の姿は前方に一つの頭があり、その体軀の左右には翅翼があり、後方には両岐せる一つの尾があって、いわゆる左右相称の偏形を呈しているから、それが斉整均等なる輻射相称の形を呈せるカキツバタの花容とはいっこうに合致しない。次に「藤に生ず」とあるが、これは痩せて長いヒョロヒョロした茎、すなわち藤《ツル》のような茎に生じているとの意であるから、わがカキツバタのように茎がツンと一本立ちに突き立っていては決して藤のようなと形容することはできない。次に「一枝に数葩」とあるこの数葩は数花の意であるから、一つの枝に四、五輪かないし七、八輪かの花が付いて咲いていなければ都合が悪いが、カキツバタの花はたとえその茎頂にある鞘苞中に二花ないし三花が含まれてはいるとしても、しかしその花は順を追って新陳代謝し一日に一花ずつしか咲かないから、それは決して数葩すなわち数花が開くとは言えないのである。

上のように燕子花を捕えそれが断じてカキツバタその物ではないと宣告しさると、しからばその燕子花とはいかなる正体の草であるかの問題に逢着する。すなわちこれはすこぶる興味しんしんたる裁判であるといえる。

私はわが独自の見解に基づきこの燕子花、それはかの『渓蛮叢笑』の燕子花をもって、キツネノボタン科に属する飛燕草族の一種なるDelphinium grandiflorum L. var. chinense Fisch. であると断定して疑わない。この種は支那の北地ならびに満洲にも野生してふつうに見られ、秋に美花をひらいて野外を装飾する。今その草の状を見ると『渓蛮叢笑』の文とピッタリ吻合する。たとえその書の文が短くても、これを翫読してみるとそこにその要点が微妙に捕捉せられているのが認められる。和名をオオヒエンソウと称する。

上のごとくカキツバタが燕子花ではないとすると、しからば同草の漢名はなんであるかということになるが、私は寡聞にしてまだカキツバタの正しい漢名を知らない。カキツバタは北支那にもあるからきっとなにかその名がなくてはかなわないが、今はそれが判らない。しかし待っていれば早晩明らかになる時期がいたるであろう。

右のように従来わが邦で用いられている漢名には、その適用を誤っているものがすこぶる多い。かのケヤキに欅の字を用い、アジサイに紫陽花を用い、ジャガイモに馬鈴薯を用い、フキに款冬あるいは蕗を用い、ワサビに山葵菜を用い、カシに橿を用い、ヒサカキに柃を用い、ショウブに菖蒲を用い、オリーブに橄欖を用い、レンギョウに連翹を用い、スギに杉を用うるなど、その誤用の文字じつに枚挙するにいとまがない。この悪習慣が一流の学者にまで浸潤し、どれほど世人を誤っていて事体を複雑に導いているか、じつにはかり知るべからずである。こんなわけであるから古典学者などは別として普通一般の人々は、植物の名はいっさい仮名で書けばそれでよいのである。なにも日本の名を呼ぶのにわざわざ他国の文字をかり用いる必要は決してないと私は深く信じている。そしてこれは明治二十年以来の私の主張であるのである。

（『植物記』より）

水仙一席ばなし

スイセン、それはだれにでも好かれる花である。木の葉も散りて秋も深みゆき、ふつうの菊花もしだいに終り際に近づき、さて寒菊の咲くころになると、はじめてスイセンの花がほころびはじめる。

もはや、花のきわめて少なくなった時節に、この花が盛りとなり、その潔白な色、そのゆかしい匂い、またその超俗な姿、それはだれにでも愛せらるる資質をうけているのはまことに嬉しい。世界にあるスイセンの種類は、およそ三十ほどであって、中にはずいぶんと立派なものもあるが、私はその中でも日本のスイセンがもっともよいと思っている。その嫌味のない純潔な姿は、他の同属諸種のとてもおよばぬ点で、またどこからみてもこれが一ばん日本人の嗜好にかなっていると思われる。

このスイセンは、また隣国の中国にも産するが、いや、これはむしろ中国の方がその本国であろう。日本では今、房州、相州、紀州、肥前などにこのスイセンの自生区域があるにはあるが、しかし、それらは自ずから地域の限られたもので、これはきわめて古い時代に中国から日本に渡ったものが、いつとはなしに園中から脱出し去って、ついに今日のような自然の姿になったものだと思われる。

スイセンは、元来好んで海近くの地に生じて、よく繁茂するところをもってみれば、これは山の草ではなく、つまり海浜をわが楽土とする植物であることがうなずかれる。

元来、スイセンという名はもと、中国名の水仙から来たものであるが、今はこれがふつうの名となっているのはだれでも知っているとおりである。

しかし、日本では、むかし、これをセッチュウカ（雪中花）と呼んだこともあった。これは、雪中にあっても、花が咲くからで、すこぶるよい名である。

中国で、これを水仙ととなえるわけは、この草は湿った地に適して生じ、したがって水が必要だから、それでこういうのだとのことである。仙はいわゆる仙人の仙で、俗風を抜いて見えるその姿を賞讃したものであろう。そして中国では、その花を金盞銀台と称するが、これはなかなかうまく形容した名である。

スイセンの花は一重咲きのものが、ふつうの品であるが、また中国では玉玲瓏といわるる八重咲きのものもある。また、青花と称し、その花が淡緑色を呈して八重咲きとなっているものもあるが、これはスイセンの中のもっとも下品な花で、だれもがあまり顧みないものである。十二月に房州へ行くと、路傍に生じているスイセンに往々、こんなものが見られるがだれもとる人がないから、よく残って咲いている。

市中に支那水仙というものを売っている。ちょうど十一月頃から出はじめて、その白い太いたまを水盤へ置いて花を咲かせる。すこぶる雅趣に富んだもので、お正月の机上の花としては無類である。

しかし、これはなにもふつうのスイセンと変わった別の種類ではなく、まったく同種のものである。ただ充分こやしをして、たまを太くし、そしてある時期に掘り上げておき、秋に売り出すのである。

スイセンのたま、すなわち園芸家のいう、いわゆる球根は、じつは根ではなく鱗茎というもので、ここには養分が貯えられ厚く肉質になっているのである。

春の末になって葉が枯れても、たまの部分だけは生きたまま地中に残る。秋に新葉が萌出すると、このたまに貯えられた養分が供給される。また、たまの下に発出している白いひげ根からもむろん養分が送られる。つまり、スイセンは、たまからも根からも両方から養分が供給されて生長するわけである。

たまの外面は、黒いうすい皮で包まれているが、これはしだいしだいに内部から押しだされてきた層が、養分を失い、水分を失い、また生活力を失ってついにうすい皮のようになったのである。

スイセンのたまは葉の脚部でなっているが、ネギ、タマネギ、ラッキョウ、ニンニクなどのたまでも同じことである。われわれが日常食べている部分は、葉の一部である。つまり、われわれはネギ、タマネギ、ラッキョウ、ニンニクの葉を食べているわけで、決して根を食べているのではない。これらの植物の本当の根は、ちょうどスイセンと同じようにそのたまの下に白いひげ状をなしてでているものである。

スイセンのたまは割ってみると、粘液があってねばねばしている。婦人の乳房が腫れたとき、このたまをすり潰して付けると効があるといわれている。またこの粘液で紙をつぎ合わすと粘力が強くて好いとのことである。スイセンの観賞価値は別として、その実用方面からではまずこの二つの効用が知られているにすぎないようである。

スイセンは、そのたまの中央から通常四枚の葉がでるが、これは下の本茎の頂から生じているのであって、その下部は短い筒となっている。この葉の外側に接して、三枚の鞘すなわちはかまがある。はかまは同じく下の本茎から生じ、長い筒をなして葉の本を巻いている。

スイセンの葉がまっすぐに立って乱れないのは、このはかまがあって、葉の本を擁しているからである。

葉は両方に二枚ずつ相対して地上に出るが上の方はゆるく揺れ、質が厚くて白緑色を呈し、葉背は多少脊稜をかえし、葉頭は鈍形である。充分よく成長した葉は、その幅が二センチメートルほどもあり、長さもまた六十センチメートルばかりに達するが、これは花のすんだ、ずっと後の状態であって、花の咲くときは、まだその葉が充分に成長しきっていないのである。

花茎は四枚の葉の中心から上に現われ出るが、それはたまの基部にある、ごく短い、本茎の頂から発出している。花茎は緑色でいっこうに葉がついてなくまったくの裸である。植物学ではこんな花茎を特に葶《てい》ととなえる。タンポポ、サクラソウなどの花茎もこれと同じである。

スイセンは、この花茎の頂にかなり大きな膜質の苞《ほう》があって、その苞の中から緑色の数小梗を抽き、梗端に各一輪の花が横向きにつく。

花は、下は筒をなし、上は白色の六片に分れて、平開し、ちょうど高い脚のあるお盆の姿をなしている。花の喉のところに杯形をなした純黄色の副冠があり、筒の中には黄色の六つの雄蕊と一つの花柱とがある。筒の下には緑色の子房があるが、このように花の下に付いている子房はこれを下位子房という。

ここに不思議なのは、スイセンは、このように立派な花をひらき、雌しべも雄しべもちゃんとそなわり、子房の中には卵子もあって、その器官になんの不足もないのに、どうしたわけか、花がすんでもいっこうに実のできないことである。私は、ついぞスイセンに実のなったことを聞いたことも、また見たこともない。しかし、このような例は必ずしもスイセンにのみ限ったわけではなく、かのシャガやヒガンバナなどでも同じで、やはり実がならない。

元来、花の咲くのは実を結ばんためであるが、それを考えるとスイセンの花は、じつは無駄に咲いているのである。思いやってみれば可哀想な花である。実を結ばん花は不憫である。あの純真な粧い、あの清らかな匂い、ああそれなのに、その報い得られぬこのスイセンの花には同情せずにはいられない。

スイセンは、しかし、球で無限に繁殖して子孫をつくり、わが大事な系統を続けることができるのはこの上ない強味である。これあるがためにスイセンは今日もなおよく栄えているわけである。

（昭和三十一年発行『草木とともに』より）

稀有植物いとざきずいせん

いとざきずいせん（糸咲水仙の意）はきわめて稀有かつ珍奇の一品である。これは竹島の産ということであるが、果して然るや否や、予はまだこれを確信するだけの証拠を持たぬが、読者諸君のうちにだれかこれについてよく知られているお方があれば、その委曲を世に公にしていただきたいものである。

この糸咲ずいせんは、その葉の様子はふつうの水仙と異なってはいないが、その花にいたってはいちじるしく特状を示している。すなわちその名が示すごとく、その花蓋片すなわち花弁はすこぶる狭長にしてほとんど糸状を呈せる線形をなしており、その色は白である。また花冕《かべん》（Corona）は杯形を呈してまた漏斗状のおもむきがある。色は黄である。

右の品はふつうの水仙の異状なる一変種であって、従来重弁のものまたは緑花のもの（房州にてやぶずいせんという）とはもとより相異なってはなはだ興味のある品である。特に園芸上では最も喝采を博すべき一品たることを失わないと思う。そして今世間にこれを見受けることがないをもって見ればよほど乏しき品と言わねばならぬ。もしだれか、その株を有しておらるる人があれば大いに繁殖させて世に広むべきである。

水仙属（Narcissus）の他の種はよく果実を結び種子を生ずるが、わが水仙すなわち Narcissus Tazetta L. var. chinensis Roem. はいかなる理由か知らぬが、ちょうど同科のひがんばな、すなわちまんじゅしゃげにおけるがごとく、花後に一つも果実を結ばぬ。それゆえその変り品を造り出すことがはなはだ困難である。このごとき理由からして、前述のいとざきずいせんははなはだ貴重なる変種であると思う。もしわが水仙に種子を生ぜさすことができれば、このごとき変り品を造り出すことはなんでもないことと思うが、わが水仙には果実を結ばぬので右のようなことをすることができない。

ゆきわりそう並びにその変種

ゆきわりそうには同名があるが、それはもとより別のものである。すなわちさくらそう科中のさくらそう属の一種である。ここに言うゆきわりそうはうまのあしがた科中のいちりんそう、すなわちAnemone属の一種にかかり、諸州の山地に生ずる多年生の一草本である。

この草はわが邦にあっては中部ならびにその以北の地に産し、東京へは観賞用として年々幾万株も佐渡の国もしくは加賀の国などより年の末に出すので、これが一、二月には花を開きて吾人の眼をよろこばしむるのである。佐渡より出ずるものは花が紅紫色にて、ことに麗しきにより他の地方のものより貴ばるるので、他の地方にあるがごとく白色のものはあまり人が顧みぬのである。

この草は前述のごとく多年生にて、その根は鬚状をなし数がはなはだ多い、色は暗褐色を帯びている。茎は短くて地上に抽いていないでただ地下に潜んでいる。ちょっと見ると、ほとんど茎がないように見える。このごとき茎を、植物学上では地下茎とも根茎とも称するので、このように茎が地上へ出ずして葉がただ地上に出でたるものは、たとえ短き地下茎が地中に現存しておっても、これを無茎生植物と呼ぶのである。ゆえにこのゆきわりそうは無茎生の一草本である。

葉はこの短き地下茎より発出して地上に叢生し長き葉柄を具え、葉面は全辺なる三尖裂を呈し、底部は心臓形をなしている。その形があたかも紋所の洲浜に似ているより、この草の一名をすはまそうというのであるが、植物学者はその葉の裂片の鈍円なるものをかく称し、その裂片の多少尖りたるものを、みすみそうと名づけてすはまそうと分かつのであるが、しかしわが邦に在ってはその尖りたるものと円きものとの間のものがあって、どっちともつかぬのが存するにより、その間へ截然たる界線を引くことははなはだむつかしいが、北アメリカではその土産のものがこの二つに分れておって、ときにはその尖った方が一方の円き方の変種になっていることもあれば、ときにはこの二つを全然二種のものとして分立せしめてある。しかしわが邦のものは、前述のごとく二つの極端品を連絡せる中間品が幾らもあるにより、とてもこれを二つに区別することはむつかしいのみならず、その一方を他の一方の変種にすることすらじつに困難至極である。ゆえにこれは、すはまそう、みすみそうと二つに分かたずに、いっさいをすはまそうと呼んだ方が便利であろうし、またその辺が混雑してぐあいが悪ければ、今東京でふつうに呼ぶごとくゆきわりそうの称を通したなればきわめてよろしからんと思うのである。

ゆきわりそうの葉は、冬を凌いで枯れずに残っているゆえに、このごとき葉を学術上では常緑葉と称する。春日、この葉の生じている中央部から花が出るが、その花は始め細毛のある数枚の鱗片をもって覆われている。また花と同じく新葉もまたこの鱗片のうちに潜んでいるが、これは花よりは内部に位している。花が出で、次いで新葉が伸びる。この新葉が伸びて生長すると、前年よりの旧葉は漸次に枯れ朽ちて新葉がこれに代わるのである。

花は一株に数個を出すが、みな花梗がある。この花梗は一つずつ鱗片の腋に生じて地下茎の頭部に出で、白い細毛が生じており、かつ葉がない。このごとく地下茎より出でて葉のない花梗を学問上で葶と称する。ゆきわりそうにあってはこの葶の梢に三片の全辺なる小さき葉があって緑色を呈しており、かつ直ちに上の花に接近している。これを苞と称する。これは萼の形をしているけれども萼ではない。この苞がこのごとく花に接近しているというところから、学者によりてはこれを Anemone すなわちいちりんそう属から区別して Hepatica なる特立の属としている。Anemone 属の諸種はその苞が花と離れている。すなわちわが邦産をもって例せば、いちりんそう、にりんそう、ならびにゆきわりいちげ等である。これら諸草の苞はみな花より遠ざかっている。

花は葶の末端に一個ありて、きわめて短き小梗をそなえている。その数は六片ないし九片ばかりもあって正開している。その色は白きがふつうであるが、上にも述べしごとく佐渡から出るもののごときは紅紫色のものが多い、その他培養の結果種々の色があって、愛玩家はいろいろの珍品を養うている。この色を有せる花弁のようなものは花弁の観を呈しているけれども、これはもとより色弁ではなくて萼なのである。そしてこのゆきわりそうには一つも真正の花弁は存していないでまったく無弁花である。

このゆきわりそうの属する Anemone 属のすべての種類は、このゆきわりそうの花のごとくその花はみな無弁にて、それを素人が見て花弁と思える有色の部はまったく蕚である。蕚は通常は緑色をなして決して美観を呈せぬものであるが、植物によりてはそのとおりでないものも少なくないので、この Anemone 属の各種はいずれもその蕚が花弁状を呈している。他属ではあるがおうれんなども同じく蕚が花弁状を呈して白色であるが、これには花弁の変形せしものがその花弁状蕚の次にありて小なる黄色の柄杓の状をなしている。せっぷんそうもまたそのとおりであるが、その真正の花弁は二叉状を呈している。このゆきわりそうの属するうまのあしがた科（毛茛科）の中にはこのごとく蕚が花弁状をなしているものが少なくないので、てっせん、かざぐるまのごときもまたこの一例である。

この蕚の次には多数の雄蘂がある。植物学上ではこのごとき二十以上の雄蘂を不定数の雄蘂と称し記載の時にはときどき8の字を横にしたようなもの、∞の符を用うる。この雄蘂には花糸と葯とがあって葯は二胞室を有し胞室内には花粉と称する細粉が満ちている。花糸とはこの葯の柄の名であって、ゆきわりそうのものは葯より長くあるが植物によってはかえって葯より短きものもある。

雄蘂の次すなわち花の中央には雌蘂があるが、ゆきわりそうの雌蘂は一個一個分立したる雌蘂が二十個内外も一団をなしておって、各雌蘂は子房とごく短き花柱と柱頭とを有している。この子房の中には一顆の卵子があって子房の室の頂辺より懸垂して生じている。しかしてこの子房は、花の後には学問上で痩果と称する小さき果実となるのであって、その果皮は緑色でついに開裂せずにすむのである。

花とともに新葉が出ずるが、花のときはこの葉はきわめて嫩くて白毛を被っている。花がすむとこの葉がだんだん舒長し旧葉に代わりてその年の葉となり翌年花後に枯るるのである。

天保の頃著わされた本で『長楽花譜』と称するものがあって、このゆきわりそうのたくさんの変種の図を載せてある。今その書中に載せある品種の名を挙ぐれば左のごとく多くの種類があるのである。

○谷間の月　○金紋紗（一名緋車）　○瑠璃くらべ　○日の出の鶴　○紫雲　○朱雲台　○感陽閣　○玉がき　○伊達錦　○練帽子　○東艦　○東錦　○宇治の里　○紫雲艦　○峯の雪　○松の雪　○紅杜若　○初霰　○富久津々美　○鳴海錦　○芳野土産　○春の空　○春日野　○昼の月　○豊の春（一名千代の宝）　○花曇り　○禿松　○加賀更紗　○墨染　○旭の峰　○花の王　○菊葉　○花くらべ　○藤おとめ　○昇仙橋　○六玉川　○禿立　○富士の雪　○朝空　○錦の梅　○瑠璃鑑　○赤地の錦　○鳥羽玉　○雲井の司（一名浅涼殿）　○奉幣　○千代の春　○匂う宮　○貝細工　○見芳野　○箙の曠（一名箙の梅）　○車かえし　○松島錦　○梅園　○八つ橋　○旭の野田　○花染衣　○雪かかり　○雲井の夜　○藤の梢　○紅更紗　○大

江雪　〇鷺の尾　〇雄蕗の鏡　〇晴間の不二

当時には上に挙げたるごとく多数の変り品が養われてあったとみえるが、今日にてはこれほどたくさんの品を集めている人はおそらくはなかろうと思う。しかし今日この植物に趣味を持っている人があって、種々の変り品を得んと欲するなれば人工媒助法を利用して種子を生ぜしめ、これを播種せばたちまちその目的を達するを得るのである。

ゆきわりそうはすなわち雪割草の意味にて、この花が春早く開くより雪を分けて花を開くということから、かく名づけたものである。学問上ではこれを Anemone Hepatica L. と称し、異名を Hepatica triloba Chalx. と呼ばるる。この Hepatica は肝臓のことで、この植物の葉の裂片があたかも肝臓の裂葉に似ているより、かくは名づけたものである。ゆえに英語ではこの草を Liver-leaf あるいは Liver-wort と俗称する。それから昔はこの葉が肝臓に似ているから、これが特別に肝臓の病にきくものだと信じられておったとのことである。

この草は北半球の温帯中その寒き部分に散布し欧洲、北アメリカ、アジアのシベリアウラル地方ならびにわが日本に産する。しかしてその北限は樹木の生じているかぎりこの草もともに生じている。この草はこのように樹林の下に生じ、冬は枯れたる落葉に埋まっているが、一陽来復のときが来て雪が融くるや否やその可憐の花をその落葉の下より抬げ出すのである。それゆえ前にも記せしごとくこれを雪割草と称するにいたった。

ゆきわりそうの記載法

器関	
植物	多年生、無茎草本、高さ、三ないし五寸ばかり
根	多年生、多数、分枝、長き髭状
茎	地下生、根頭生、多年生
葉	根生、有柄、常緑、革質、三尖裂、鈍頭あるいは鋭頭、掌状脈
花序	根生の萼、一花、細毛あり
花	無弁、卵形の三片よりなる総苞あり
萼	花冠様、白、紅紫あるいは紫
萼片	六ないし九片、長楕円形あるいは倒卵形
花冠	無し
花弁	無し
雄蘂	多数、子房下生、白色、花糸は細長
葯	楕円形
雌蘂	多数、緑色、有毛
子房	長楕円形、分立、単一
柱頭	きわめて短き花柱あり、鋭形
果実	十二あるいはそれ以上、長楕円形の痩果、上部有毛

種子	各心皮に一個
（産地）	乾きたる森林地
（花候）	二月
（分類）	顕花植物、双子葉門、離弁花区
（科名）	うまのあしがた科
（名称）	（和名）ゆきわりそう （学名）Anemone Hepatica L.

（昭和十一年発行『随筆草木志』より）

野外の雑草

世人はいつも雑草々々とけなしつけるけれど、雑草だってなかなか馬鹿にならんもんである。すなわちそれが厳然たる植物である以上、種々なる趣を内に備えていて、これを味わえば味わうほど滋味の出てくるものであると同時に、またその自然の妙工に感歎の声を放たねばいられなくなる。世人がいま少し植物に関心を持って注意をそこに向けるならば、その人はどれほど貴い知識と深い趣味とを獲得するのであろうか、ほとんどはかり知られぬほどである。場合によれば美麗な花を開く花草よりもさらに趣味のあるものが少なくない。私どもは植物学をやっているお蔭で、不断にこれを味わうことを実践しているのでその楽しみが最も多い。そしてこの深い楽しみが一生続くのであるから、とても幸福で二六時中絶えて心に寂寞を感じない。ようこそわれは草木好きに生まれたもんだと自分で自分を祝福している。

私はこの楽しみを世人に分かちたい。それは世人がいま少しく草木に気を付けることによって得られるのである。「朝夕に草木を吾れの友とせばこころ淋しき折節もなし」私は幸いにこの境地に立っている。今世人がみなことごとくわれにそむくことがあったとしても、われはわが眼前に淋しからぬ無数の愛人を擁しているので、なんの不平もないのである。いざ二、三の雑草について少しく述べてみましょう。

野外で最も眼につくものはタケニグサである。あの緑色を帯びた大形の草が群をなして立っている有様は、その周りの草の中ですこぶる異彩を放っている。この草は支那にもあって同国では博落廻といっている。

円柱形の中空な茎が高く六、七尺にも成長し、雅味ある分裂をなした天青地白の大葉を着け、梢に大きな花穂が立ちて無数の白花が咲き、遠目にもよく分かるが、近づいてその一々の花を点検して見ると、花には二枚の萼片と雌雄蕊ばかりで、あえて花弁を見ることがない。つまり無弁花である。花がすむと実の莢がたくさんでき、これを振ってみるとサラサラと音がするので、それでこの草を一つにササヤキグサと称えるが、なまってシシヤキグサともいわれ、またソソヤキとも呼ばれる。またその音で騒がしいから喧嘩グサと名があるのはおもしろい。

この草を傷つけてみると、柑黄色の乳液がにじみ出るのでこれを毒草だと直感し、狼グサと呼び、だれもこれを愛《め》ずることをしない植物である。そして別になんの効用もないようであるが、しかしその汁を皮膚病に塗れば癒えるという人もある。

タケニグサはこの草で竹を煮れば、竹が柔らかくなるとたいていの人が想像しているが、決してそんなことはない。私はこのタケニグサはあるいは竹似グサの意ではないかと考えている。なんとならばその円柱形の茎が中空ですこぶるよく竹に似ているからである。秋の末になってその葉の枯れたときの茎は堅くなって、まるで竹のようであるから地方の子供がそれで笛を作り吹くのである。この事実は同じく支那にもあって、同国でも笛に利用するとのことである。この草の名の博落廻は一種の笛の名である。

この草は一つにチャンパギクと称するが、それはその草の姿がすこぶる特別で衆草と違っている異草と見えるから、それでこれを異国から渡ったものだと思い違いをして、それで占城菊《チャンパギク》と呼んだものであろう。占城《チャンパ》は交趾支那の南方地域の名である。菊とはその分裂葉を菊の葉になぞらえたものだ。

なかなか頭のよい商人があって、春早くその太い根株へ少し芽の吹いたものを町へ持ち出し、大道脇で売っていた。商人はこの草には後に牡丹のような大きな花が咲くとまことしやかに叫んで客足を引くにつとめた。そうするとそれを悪人とはつゆ知らぬ善人が、ボツボツその苗を買って行った。私の知人で植物の知識が相当にありながら不覚にもそれにひっかかり、まもなく葉が出て来てみたらタケニグサだったのでシマッタとは思ってみたが、それは後の祭りで茫然自失するよりほかなかった。

そこここの人家に栽えてある花草に、マツバボタンという美花を開く草があることは、だれでもよく知っているであろう。この草と同じ属のものに、スベリビユと呼ぶ一年草があって、夏秋の間暑い時分に、路傍や庭さきなどに多く見られる。草全体が赤紫色を帯び柔らかで、地についてはえているのでだれにでもすぐ分かる植物である。茎はみみずのようで、それに倒卵状楔形の厚い葉が付き、葉間に小さい黄花が咲く。実も小さく熟すると蓋《ふた》が取れて細微な黒い種子がこぼれる。

この草の支那名は馬歯莧でこれはその葉の形にもとづいた名である。同国では一つにこれを五行菜と称するが、それはその葉が青く花が黄で花が赤く根が白く種子が黒く、青黄赤白黒の五色をそなえているからだとのことである。またこの草はその性はなはだ強く、これを引き抜き放り出しておいてもなかなか枯れず、掛けておいても容易に死なぬ因業な奴だからまた長命菜の名もある。人間もこれにあやかりかく粘り強くあって欲しく、アニ馬歯莧ニシカザルベケンヤであらねばならぬ。

スベリビユはまたヌメリビユとも称えるが、これは共に滑り莧の意で、その葉も平滑なうえになおこれを揉みつぶしてみるとすこぶる粘滑だから、それでそういうのである。そしてこれをなまって、スベラヒョウだの、ズンベラヒョウだのと呼ぶところがある。

ここに面白いことは、伯耆の国では今もこれをイワイズルといっていることである。幸いに同国にこの名が現存していたため一つの難問題が解決せられたのである。すなわちかの万葉集に、いりまぢの、おほやがはらの、いはゐづる、ひかばぬるぬる、わになたえそねの歌があって、このイワイズルが詠み込んである。しかしその植物については古来その的物が分からなかったが、それが後に上の伯耆の方言で分かったというのだから、方言もなかなか馬鹿にならんだいじなものである。

スベリビユの葉の裏を見るとその内部が白く光っている。面白いことには昔の支那の学者がそれを見て、スベリビユの葉の中には水銀があるといい出した。そしてスベリビユの葉十斤から八両ないし十両の水銀が採れると書いている。しかしこれはまるで虚言の皮で、この草の葉には断じて水銀はありはしない。そのこれがあると思ったのは、その葉内にある細胞膜から白く反射している光を水銀と考え違いをしたものであるが、それを数字で示してあるのはウソにもほどがある。そこで支那のある学者は、それはもとより採るに足らない妄言だとこれを一蹴している。

スベリビユは食用になる草だから大いに採って食ったらよかろう。私も数度これを試食してみたが、決して捨てたもんではない。現に信州などでは昔からこれを食用としていて、生でも食えばまた干しても貯え、冬の食糧にあてている。ゆでて浸しものにして食ってみると粘りがあって、少し酸っぱいように感ずるけれど存外うまいものである。これの一種にタチスベリビユすなわち狆耳草というのがある。茎が立って葉が大きい。西洋でもこれを栽培して蔬菜の一つとしてKitchen-garden Purslane（菜園スベリビユの意）と呼び、煮ても食い、またサラドとして生で食することもある。

野外の路を歩いていると、そこの叢、ここの叢にたくさん見かけるものは禾本科のエノコログサである。草の中から多くの細長い緑茎を抽いて、その頂に円柱形の緑穂をささげている様はすこぶる野趣がある。東京の子供はこの穂をネコジャラシと呼んでいる。それはこれをもって猫をジャラスから、の名であろう。エノコログサはイヌコログサの意で子犬にたとえた名であり、いにしえはエヌノコゴサ（狗子草の意）ととなえていた。支那の名は狗尾草でその花穂を犬の尾に見立てたものである。

このエノコログサの花穂は花が終わるとただちに果穂となり、やはり緑色を呈してたくさんな小さい実からなっている。今その一つ一つの実を採って検してみると、その本当の実すなわち穀粒は緑色の穎と稃とに包まれている。そしてその下に長い鬚毛があるので、それで果穂に多くの毛を見る結果となるのである。

エノコログサと粟とは同属であって、その縁がきわめて近い。ゆえにこの両種の間にはアワともつかずエノコログサともつかぬ間の子がよく生まれ、われらはこれをオオエノコロと呼んでいる。粟の畑を見渡すと往々このオオエノコロがアワにまじって生えていて、それがいつもアワより高く秀でている。

エノコログサの姉妹品に、その果穂が黄色なのがあってキンエノコロと呼ばれている。これもふつうに諸所で見かける。

どこへ行ってもよく見る草はオオバコである。これはその性が強健なのと繁殖がさかんなのとでいちじるしい宿根草であるがゆえに、それからそれへと生え拡がり、地面いっぱいになっていることをときどき見かける。これは株から苗が分れるのでなく、みな種子から生えたものである。

このオオバコをところによりカイルバともゲーロッパともとなえる。このカイルバもゲーロッパもともに同じく蛙葉の意である。なぜこんな名があるかというに、これは子供がよく蛙を半殺しにしておきその上にこの草の葉を被い、花穂で打てば蛙が蘇生するというのである。支那ではこの草を一つに蝦蟇衣とも称するがそれは蛙が好んでその葉の下に隠れ伏しているからいうので、日本の蛙葉とは少々その意味が違っている。

オオバコとは大葉子の意味である。それはその葉が大きいからである。この葉の嫩いのを摘んで食用にすることができる。またその種子にはいろいろな薬効があるようだが、眼を明らかにするということもその一つである。

またオオバコの花は痩長い穂となりて葉中から抽き、下には花茎があってその上部が花穂となっており、新旧相参差《しんし》として立っている。花は細小で数多く、緑萼四片と四裂せる合弁花冠とよりなり、四つの雄蕊が花上に超出して葯をささげている。中央に一花柱と一子房とがある。この花は元来雌蕊先熟花で雌蕊が雄蕊よりさきに熟し、早くも白い花柱が花外へ延び出ている。そしてこれが衰えて萎《い》えると、今度は雄蕊があとから出て熟し高く葯をもたげ花粉を散らすのである。

その花粉の散るときは自分の花の花柱はすでに萎びているので、自家受精を営むことができないから、止むを得ずその花粉は他の花へ行って、そこの花柱へ付着するのである。花柱には細毛が生えているから花粉を受くるには都合がよい。そしてこの花粉は風に送られて彼岸に達するのである。ゆえにこの花を風媒花と称せられ、この草を風媒花植物といわれる。風媒花の植物はいつも花粉に粘気がなくしてそれがサラサラとしている。

花がすむと実ができるが、実は小さく蓋がとれて中の種子があらわれ、風でその果穂がゆすぶられると、その種子が飛び散るのである。そしてその付近の地面へたくさんな小苗が生えて出て来る。

この草の支那の通名は車前であるが、どういうわけでそう呼ぶのだというと、このオオバコは好んで路傍や牛車馬車の往来する轍《わだち》の跡地へ生えるからだとのことである。この種子がいわゆる車前子で、すでに書いたようにこれが薬用になるといわれる。

（昭和三十一年発行『植物学九十年』より）

アカザとシロザ

世間の人々、いや学者でさえもアカザとシロザとを区別せずに一つに混同してアカザと呼んでいるが、これはその両方を区別していうのが本当で正しい。しかし元来はこの二つはともに一つの種すなわち species のうちのものであるから両方がよく似ている。シロザが正種で学名を Chenopodium album *L.* といい、アカザがその変種で Chenopodium album *L.* var. centrorubrum *Makino* といわれる。このシロザは原野いたるところに野生しているが、アカザは通常圃中に見られ、あまり野生とはなっていないのが不思議だ。これは昔支那から渡り来たったもので支那の名は藜である。また紅心灰藋、鶴頂草、臙脂菜の別名もある。

アカザの葉心は鮮紅色の粉粒をしきすこぶる美麗である。そしてその苗が群集して一所にたくさん生え嫩き梢を揃えている場合は、各株緑葉の中心が赤く、紅緑相まじわって映帯し圃中に美観を呈している。

茎はその育ちによって大小があるが、それが太くて真直ぐに成長したものは杖となる。支那の書物にも「老うる時は則ち茎は杖と為すべし」と書いてある。すなわちこれがいわゆる藜杖でアカザの杖をついておれば長生きをするといわれる。

アカザはまた一つにアカアカザともオオアカザとも江戸アカザとも、またチョウセンアカザとも称する。そしてアカザの語原は判然とはよく分からないが、そのアカは無論赤だが、ザはどういう意味なのか。書物に赤麻の約と出ているが、この想像説には信をおき難い。貝原益軒の『日本釈名』には「藜《アカザ》、あかは赤なり、さわなと通ず赤菜なり」と書いてあるのも怪しい。

シロザは一つにシロアカザともアオアカザともまたギンザとも称える。その漢名は灰藋《かいちょう》である。葉心は白色あるいは微紅を帯びた白色の粉粒をその嫩葉に糝布している。

アカザもシロザも共にその葉が軟らかくて食用になる佳蔬《かそ》であるから、その嫩葉を摘むことのできる限り、大いにこれを利用して食料の足しにすればよろしい。

ハナタデとはいかなる蓼の名か

蓼の属にハナタデ、すなわち花蓼というものが前々からあり、それが岩崎灌園の『本草図譜』巻三十七に出ていて「ハナタデ、道傍に多し形青蓼に似て花淡紅色なり小児アカノマンマ」と呼ぶと書いてある。また水谷豊文の『物品識名拾遺』にも、「ハナタデイヌタデの類にして花紅色馬蓼一種」と出ている。すなわちこれはこれらの書物に書いてあるように、東京の女の児などが、アカノマンマ（赤の飯）、あるいは地方の子供などがキツネノオコワ（狐の御強飯）と呼んで遊ぶものである。

ハナタデとはなぜこれにそんな名を負わせたかというと、その花穂が紅色ですこぶる美観を呈するからである。秋になってそのよく繁茂した株ではその茎枝を分かちて四方に拡がり、それに多数の花穂が競い出て赤い花が咲いている秋の風情はなかなか捨て難いものである。これにたまたま白花品があって、これがシロバナハナタデと呼ばれる。

今日わが植物学界ではこのハナタデをイヌタデと呼んでいる。これは飯沼慾斎の『草木図説』に従ったものだ。しかしこのイヌタデの名は元来間違っているから今これを矯正する必要を認める。そこで私は今後この種から間違っているイヌタデの名を褫奪《ちだつ》して、これを本来の正しい名のハナタデに還元させることに躊躇しない。

今日いうハナタデの名も、上の『草木図説』に従ったものだが、これも誤りであるから私は新たにこれをヤブタデと名づけた。その花穂は痩せ花は小さくて貧弱、色は淡紅紫で浅く、決して花タデの名にふさわしくない。私は以前からこんな花のものがどうして花タデの名であるのかと常にこれを怪しんでいたが、果たせるかな本当のハナタデはこれではなかった。

イヌタデとはどんな蓼か

元来蓼《タデ》はその味の辛いのが本領であって、『私伝花鏡』にも「蓼は辛草也」とある。すなわちその辛辣な味が貴ばれる。そこでこの辛味ある蓼を本蓼とも真蓼ともいっている。そしてその辛味のないものをみな犬蓼と称する。すなわち役立たぬ蓼の意である。大槻博士の『大言海』によれば、タデは「爛レノ意ニテ口舌ニ辛キヨリ云フト云フ」と出ている。

小野蘭山の『本草綱目啓蒙』馬蓼イヌタデの条下に「品類多し野生して辛味なく食用に堪ざる者を皆イヌタデ或は河原タデと呼みな馬蓼なり」とある。これでみるとイヌタデとは一種の蓼の名ではなく、すなわち辛くない蓼の総称である。ゆえにアカノマンマの一つを特にイヌタデと限定した名で呼ぶのはよろしくない。

昔にはオオケタデすなわち蓼草をイヌタデといったが、今日は既にこの名は廃絶している。そしてこれは深江輔仁の『本草和名』に「和名以奴多天」と出ているから、最も古く一千余年も前からの名であることが知られる。

日本で辛味のある蓼はただ一種ヤナギタデ（アザブタデがじつは元来のヤナギタデで、この蓼は野生はなく圃につくってあって、その葉を料理に用いる）すなわち Polygonum Hydropiper *L.* があるだけである。その原種は水辺に野生してこれはあえて食品に利用せられてはいないが（無論利用はできる）、これから変わって出た上のアザブタデ外のムラサキタデ、アイタデ、ホソバタデ、イトタデなども多く人家に栽えてあって、同じくその葉が食用に供せられる。

ヤナギタデが水中に生活するときは往々冬を越して青々としている。かのカワタデまたはミゾタデと呼ぶものは流れる水底に生きている。『草木図説』巻之七カハタデ一名ミゾタデ（『新訂草木図説』ではミヅタデとなっている）の条下に図を載せ、「山辺清流の中に生じ。流に従って長く水底に引き。節々根を下す。葉ヤナギタデに似て長じて尖鋭。鞘葉簳他の蓼類と同じく。簳中枝を出し簇々繁茂し。四時常に衰へず。冬猶青翠芽を出し。味至て辛く可食偶々浅瀬にあって抬起すれば秋花あり。家蓼よりは大にして半開白色淡緑暈あり。蕾にあっては尖に淡紅暈をみる。二柱六雄蘂なること亦ヤナギタデの如し。常に水底にあれば開花に不及。簳中に於て直に結実するに至る」と書いてある。

早春、水に湿った田に往々低い茎のあるいは立ち、あるいは横斜したヤナギタデが越冬して残り、田面をわたる東風に揺れつつ早くも開花結実しているのを見かけるが、これはなんら他の種ではなく、別になんらの名を設ける必要もなく、やはりそれは Polygonum Hydropiper *L.* にほかならない。私は前々からときどきこれに出会っているからよくその委細を呑みこんでいる。軽卒な人はこれを別種のものとしているが、それは決して穏健な意見ではない。

ボントクタデとはどういう意味か

ボントクタデ、ちょっと意味の分かりかねるおかしな名前の蓼なので、私は久しい間なんとかそのわけが知れんもんかと思っていた。

以前備中で植物採集会があって、私は集まった会員を指導しつつ野外の地を歩いた。そのときはちょうど秋であって、おりから路傍にあったこの蓼をボントクタデといって会員に教えた。ところが会員がしきりにクスクス笑うので不審に思い、そのわけを聴きただしてみたところ、会員のひとりが言うには、この辺ではポンツクのことをボントクというのだと答えた。私は、ははあなるほどとこれを聴き、始めてボントクの意味が判り大いに啓発せられたことを悦んだ。すなわちそれは蓼は辛い味のものだと相場が決まっているが、この蓼はいっこうに辛くないので馬鹿タデすなわちポンツクタデの意で、それでボントクタデだということが始めてこの会のとき明瞭となったわけだ。ただしひとりその実を包む宿存蕚には特に辛味があるので、この点はわずかにポンツクを逃れて本当の蓼らしいのが面白い。

しかしこの蓼はその味からいえばポンツクだが、その姿からいえばまことに雅趣掬すべき野蓼で、優に蓼花の秋にふさわしいものである。茎は日に照り赤色を呈して緑葉と相映じ、枝端に垂れ下がる花穂の花は調和よく紅緑相まじわり、それが水辺に穂を垂れている風姿はじつに秋のシンボルであって、他の凡蓼のおよぶところではない。私はこの蓼がこの上もなく好きである。あ

ボントクタデ（飯沼慾斎著『草木図説』の図）
（下方の花穂の一部ならびに果実の二は牧野補入）

まり好きなのでがらにもなく左の拙吟を試みてみたが、むろん落第ものの標本であろう。

紅緑の花咲く蓼や秋の色
水際に蓼の垂り穂や秋の晴れ
我が姿水に映して蓼の花
一川の岸に穂を垂る蓼の秋
秋深けて冴え残りけり蓼の花

（以上三篇、昭和二十八年発行『植物一日一題』より）

『草木図説』のサワアザミとマアザミ

飯沼慾斎の著『草木図説』巻之十五（文久元年［1861］辛酉発行、第三帙中の一冊）にその図説が載っているサワアザミの図と、そのすぐ次に出ているマアザミの図とは、それが確かに前後入り違っていることはこれまでだれも気のついた人はまったくなかった。これはサワアザミの説文に対してある図を移して、マアザミの説文へ対せしめておけばよろしく、またマアザミの説文に対してある図を移してサワアザミの説文へ対せしめてお

正名サワアザミ
草木図説に間違えてマアザミの図となっている。

正名マアザミ
草木図説に間違えてサワアザミの図となっている。

けばそれでよろしい。そうすればここにはじめてサワアザミの説文がサワアザミの図に対して正しくなり、またマアザミの説文がマアザミの図に対して正しくなって、そこで両方とも間違いを取り戻して正鵠を得たことになる。そしてこの図の入り違いはたぶん偶然に著者がその前後を誤ったものであろう。今かく正してみると、従来植物界で用い来ているサワアザミとマアザミとの和名の置き換えを行なわねばならない結果となる。すなわち Cirsium Sieboldi *Miq.* はマアザミではなくてサワアザミ一名キセルアザミとせねばならなく、また C. yezoense *Makino* はサワアザミではなくてマアザミと改めねばならぬのである。

近江の国伊吹山下の里人が常に採って食用にしているといわれる右のマアザミの実物を知りか

つその形状を見たく、よって当時京都大学に在学中の遠藤善之君をわずらわし、実地についてそのマアザミを捜索してもらった。同君は親切にも私のためにわざわざ京都から二回も伊吹山方面へ出かけて探査し、ときにそれが伊吹山で見つからないのでさらに進んで美濃方面に行き、ついに伊吹山裏の方の山地においてこれを見出し、土着人にそのマアザミの方言をも確かめ、そしてそこで採集した材料を遠く東京へ携帯して私に恵まれた。私は嬉しくもその渇望していた生本現物を手にしこれを精査するを得、はじめてそのマアザミの形態を詳悉《しょうしつ》することができ、大いに満足してこのうえもなく悦び、もってひとえに遠藤君の厚意を深謝しているしだいである。

　マアザミとは真アザミの意であろう。この種は往々家圃に栽えて食料にするとあるから、このマアザミはあるいは菜《ナ》アザミというのが本当ではなかろうかとはじめは想像していたが、しかしそれはそうではなくてやはりマアザミがその名であった。このマアザミの葉はひろくて軟らかいからその嫩薹は食用によいのであろう。これに反してサワアザミの方は葉が狭く分裂して刺が多く、かつその質が硬いから食用には不向きである。ゆえに『草木図説』にもなんら食用のことには触れていない。そしてこのサワアザミは山麓原野の水傍あるいは沢の水流中などにはよく生えているが、山間渓流の側などにはあまり見ない。

　小野蘭山の『本草綱目啓蒙』巻之十一『大薊小薊』の条下に『鶏項草は別物にして大小薊の外なり水側或は陸地にも生ず和名サハアザミ葉は小薊葉に似て岐叉多く刺も多し苗高さ一二尺八九

月に至て茎頂に淡紫花を開く一茎一両花其花大にして皆旁に向て鶏首の形に似たる故に鶏項草と名づく他薊の天に朝して開くに異なり」と述べてサワアザミが明らかに書かれている。

右サワアザミに右のようにかつてわが本草学者があてている鶏項草《ケイコウソウ》は、宋の蘇頌の著わした『図経本草』から出た薊の一名であるが、これは単にその文字の意味からサワアザミにあてたもので、もとよりあたっていない別種の品であることは想像に難くない。そして『本草綱目』で李時珍がいうには「鶏項は其茎が鶏の項に似るに因るなり」（漢文）とある。すなわち項はいわゆるウナジで後頭のことである。しかるにわが国の学者は往々これを誤って鶏頂草《ケイチヨウソウ》と書いているのは非である。

文化四年（1807）出版の丹波頼理著『本草薬名備考和訓鈔』にはサワアザミが正しく鶏項草となっているが、文化六年（1809）発行の水谷豊文著『物品識名』には鶏頂草となっている。

蓬はヨモギではない

源順の『倭名類聚鈔』に蓬を与毛木（ヨモギ）としてあるのがそもそもの間違いで、それ以来今もって今日にいたるもなお人々がヨモギを蓬と書いてあやしまないが、私はなんらあやしまずにかく書く人々の頭をあやしまずにはいられない。古よりとんでもない間違いをしてくれたもんだ。

ヨモギ（Artemisia vulgaris *L.* var. indica *Maxim.*）は艾と書くのが本当だ。元来これはモグサ（燃え草の省略せられたもので、横文字でも Moxa と書くのは面白い）に製する草であるが、今は多くヨモギの姉妹品であるヤマヨモギ（Artemisis vulgaris *L.* vulgatissima *Bess.*）を用いている。これは形がふつうのヨモギよりも大きく、日本中部から以北の山地には最も分量多くふつうに生じているものだ。葉も大きいからモグサに製するのに量があってよろしい。モグサには葉の裏の綿毛が役立つ。

またヨモギはだれもが知っているとおり春の嫩葉を採って餅へ搗きこみ、ヨモギ餅をこしらえる。色が緑でかつ匂いがあってよい。そこでふつうにこれをモチクサととなえる。

蓬をヨモギとするのは前述のとおり誤りだが、またこれをムカシヨモギ、一名ヤナギヨモギ、一名ウタヨモギと称する小野蘭山の誤りも、ますますその間違いを深めその間を混乱さすものだ。

蓬は元来わが日本には絶対にない草であるから、もとより日本名のあろうはずはない。

では蓬とはなんだ。蓬とはアカザ科のハハキギ（ホーキギ）すなわち地膚のような植物で、必ずしも単に一種とのみに限られたものではなく、そしてそれが蒙古辺の沙漠地方にさかんに蕃茂していいて、秋が深けて冬が近づくと、その草が老いて漸次に枯槁し、いわゆる朔北の風に吹かれて根が抜け、その植物の繁多な枝が撓《たわ》み抱えこんで円くなり、それへ吹き当てる風のために転々としてあたかも車のように広い沙漠原を転がり飛びゆくのである。そこでこれを転蓬とも飛蓬ともいっている。すなわち蓬の正体はまさにかくのごときものである。

明《みん》の李時珍という学者が、その著『本草綱目』蓬草子の条下でいうには「其飛蓬は乃ち黎蒿の類、末大に本小なり、風之れを抜き易し、故に飛蓬子と号す」とある。また支那の他の書物には「其葉散生し、末は本より大なり、故に風に遇て輒ち抜けて旋ぐる」とも、また「秋蓬は根本に悪しく枝葉に美し、秋風一たび起れば根且つ抜く」とも、また「蓬善く転旋し、直達する者に非ざるなり」とも、また「飛蓬は飄風に遇て行く、蓋し蓬には利転の象あり、故に古へは転蓬を観て車を為《つく》るを知る」とも書いてある。

もしも蓬に和名がほしければ、あるいはこれをトビグルマ（飛ビ車）あるいはカゼグルマ（風車）あるいはクルマグサ（車草）とでもいってみるかな。そうすると飛蓬、転蓬の意味にもかなうわけだ。

右にて蓬の蓬たるゆえんを知るべきだ。みなの衆聴けよ、この蓬がヨモギだとよ、わが国の学者はとんでもない見当違いをしたもんだ。眼界狭隘し、かたもない。しかし大きなことは言われない、お里がわかる、じつはわれらの知識も罌粟《けし》粒のようなもんだから。(『植物一日一題』より)

款冬とフキとはなんの縁もない

昔からわが国の学者は山野に多い食用品のフキを、千余年の前から永い間支那の款冬《カントウ》だと思い違いしていた。ゆえに種々の書物にもフキを款冬と書いてある。ところが明治になって始めて款冬はフキではないことが分かったが、それでもまだなお今日フキを款冬であるとしている人を見受けることがまれではない。ことに俳人などは旧株を墨守して移ることを知らない迂遠を演じて平気でいるのは、世の中の進歩を悟らぬものだ。

フキは僧昌住の『新撰字鏡』にはヤマフフキとあり、深江輔仁の『本草和名』にはヤマフフキ一名オホバとあり、また源順の『倭名類聚鈔』にはヤマフフキ、ヤマブキとある。これでみればフキは最初はヤマフフキといっていたことが分かる。すなわちこのヤマフフキが後にヤマブキとなり、ついに単にフキというようになり今日におよんでいる。そしてフキとはどういう意味なのか分からないようだ。

フキはキク科に属して Petasites Japonicus *Miq.* なる学名を有し、わが日本の特産で支那にはないから、したがって支那の名はない。款冬は同じくキク科で Tussilago Farfara *L.* の学名を有し、これは支那には見れども絶えてわが国には産しない。そして一度もその生本が日本に来たことがない。これは盆栽として最も好適なもので、春早く株から数葶を立て各葶端にタンポポようの黄花が日を受けて咲くので、私はこの和名をフキタンポポとしてみた。

この款冬は宿根生で、早くその株から出た花がおわると次いで葉が出る。葉は葉柄をそなえ角ばった歯縁ある円い形を呈し、葉裏には白毛をしいている。本品はかつて薬用植物の一つにかぞえられ、欧州にはふつうに産する。そして西洋では多くの俗名を有すること次のごとくである。すなわちColts foot（仔馬ノ足）Cough wort（咳止メ草）Horse foot（馬ノ足）Horse hoot（馬ノ蹄）Dove dock（鳩ノぎしぎし）Sow foot（牝豚ノ足）Colt herb（仔馬草）Hoot cleats（蹄ノ楔）Ass's foot（驢馬ノ足）Bull's foot（牝牛ノ足）Foal foot（仔馬ノ足）Ginger（生姜グサ）Clay weed（埴草《ハニクサ》）Butter bur（バタ牛蒡）Dummy weed（贋物草）である。

款冬は早春に雪がまだ残っているうちに早くもその氷雪を凌いで花が出る。「款は至るなり、冬に至て花さくゆえ款冬と云う」と支那の学者はいっている。款冬にはなお款凍、顆冬、鑽冬などの別名がある。日本のフキを蕗と書くのもまた間違っている。フキには漢名はないから仮名でフキと書くよりほか途はない。フキでよろしい、これがすなわち日本の名なのである。

（『植物一日一題』より）

秋田ブキ談義

秋田ブキは、わが国東北の奥羽地方から北海道にかけて生ずる巨大な葉のフキである。このフキは北して樺太にも産する。このフキは、南から北へ行くほど、その草丈が大きくなっている。それゆえ、樺太のものがもっとも雄大である。

秋田県下の山野に自生しているフキは、みな秋田ブキの種で、われらがふつうフキと呼んで食用にしているものは、私のみた範囲では同県には野生していない。ただところにより畑に少々作っているにすぎないようである。

秋田県を歩く人は山地でフキに出会うであろうが、たとえふつうのフキのように小さくても、これはみな秋田ブキそのものである。それゆえ、秋田ブキは必ずしも大形のものばかりとは限らないことを知っておくべきである。

秋田県では、昔はどうであったかは知らないが、今日ではかの大形のいわゆる秋田ブキは山地でも容易に出会わない。ただあるのは小形ならびに中形ぐらいのもので、その大形のものはよほど運が好くなければ見ることはむつかしい。

秋田市などで売っている絵はがきには、大形の秋田ブキがでているが、あれは肥料をやって作ったもので、同市の公園には名物だというのでこれを栽培している。

それゆえ、芸者を景物に添えて撮影するにはここに行けばよい。私ははじめてこの絵はがきを見たとき、芸者を遠い山奥へ連れ込んで撮影したのかと感心していたら、なんだ、町近くの畑のものだった。そんなら芸者でも、あの柔らかい足に鼻緒ずれもできず、大事大事の着物も汚さず、またときどき頓狂な声もださずに済むわけだ。

秋田市では、その太い葉柄を砂糖漬けの菓子にして売っている。また「フキ摺《す》り」と呼んで、その大なる葉面を布地あるいは絹地に刷っている。この二つは秋田ブキを原料に使った同地の名物である。

この秋田ブキは北海道へ行くとだんだんと大きくなっている。そしていずれの山地でも、これが見られる。アイヌ語ではこのフキのことを「コルクニ」という。

樺太に入ると、この秋田ブキはもっとも巨大に生長し、そこここにその天性の偉容を発揮している。すなわちこのフキは北するほど大きくなり、南するほど小さくなっている。つまり、暖かいより、寒いのを好く草であるといえる。

いったい、秋田ブキにはその本然の特徴があって、たとえその形状は小形となっていても、慧眼なる人ならば、これをふつうのフキと見わけることはあえて難事ではない。しかし、私の信ずるところでは、秋田ブキはふつうのこのフキの一変種である。秋田ブキたるの特徴はあるとしても、その葉形花容はその間にただ大小の差こそあれ、その形状はまったく同一である。

秋田ブキに立つ「フキの薹《とう》」は、ふつうのものと同形であるが、ただその形がいくらか太い。かの正月の盆栽に、植木屋が八つ頭《がしら》と称して売っているものは、この秋田ブキを縮めて作ったものである。試みにこれを栽えておくと、秋田ブキが萌出する。

秋田ブキはふつうのフキのように、その葉柄は食用になるが、しかしあまりうまくないので、世人はこれを歓迎しない。

とにかく秋田ブキは、直径数尺もある広い大葉面を展開し、数尺の高さ、太さ径数寸もある長葉柄を挺立さすとは、他に比類のない壮観で、その偉容はゆうに他の百草を睥睨《へいげい》するに足り、一面、またわが日本植物の誇りでもある。

ワスレグサを甘草と書くのは非

雑誌などによくワスレグサ（ヤブカンゾウ）のことを甘草と書いている人があるが、これはまったく非で、このカンゾウに対してこの字を使うのはじつは間違いであることを知っていなければならない。これは萱草《カンゾウ》と書かねばその名にはなり得ない。ワスレグサの苗を食ってみると、根元に多少甘味があるから、それで甘草だというのでない。

萱は元来忘れるという意味の字で、それでその和名がワスレグサすなわち忘レ草となっている。このワスレグサの名は元来日本にはなかったが萱草の漢名が伝わってから始めてできた称呼だ。書物によれば支那の風習ではなにか心配ごとがあって心が憂鬱なとき、この花に対すれば、その憂いを忘れるというので、この草を萱草と呼んだもんだ。そこでまた一つにこれを忘憂草ともとなえまた療愁ともいわれる。すなわち療愁とは憂いを癒す義である。

支那の萱草は一重咲のものが主品である。すなわち学名でいえば Hemerocallis fulva *L.* である。この種名の fulva は褐黄色の意で、これはその花色に基づいたものである。この品は絶えて日本には産しなく、ただ支那のみの特産である。それでこれをシナカンゾウともホンカンゾウともいわれる。上に書いたヤブカンゾウ（一名鬼カンゾウ）はその一変種で八重咲の花を開くが、面白いことにはこれは支那ばかりでなく日本にも産する。つまり母種の一重咲のものはひとり支那のみに産し、その変種の八重咲のものが支那と日本とに産する。地質時代の昔の日本がまだアジア大陸に地続きになっていた時分にこの八重品のみが日本へ拡がっていて、その後支那と日本との間へ海ができたのち今にいたるまでこの八重咲品のみが日本の土地へのこされ、親子生き別れをしたものだ。支那の『救荒本草』という書物にこの八重咲品の図が載っている。

　萱草を食用にすることは、日本よりも支那の方がさかんであるようだ。支那の本に「今人多採《クリ》二其嫩苗及花跗《ヲ》一作《シ》レ葅《ト》食《ム》」と出で、また「人家園圃《ニ》多《ク》種《ウ》」とも書いてある。また「花、葉芽倶《ニ》嘉蔬《ナリ》」ともある。また支那では「京師《ノ》人食《フ》二其土中《ノ》嫩芽《ヲ》一名二扁穿《ト》一」と述べてあるが、これはすなわち冬中に採るきわめて初期の小さい嫩芽である。いつであったか数年前、東京の料理屋でこれを食膳に出したと聞いたことがあったがどこから仕入れたものか。これは通人の口に味わう趣味的の珍しい食品であって、たぶん少々舌に甘味を感ずるのであろう。おそらく扁穿《へんさく》とは扁《ひら》たき芽が土を穿《うが》って出るとの意味ではないかと思う。

　憂さを忘れるならなにもワスレグサに限ったことはなく、きれいな花ならなんでもよいはずだが、支那でたまたま草が乏しい場所であったのか、この大きな萱草の花を撰んでうち眺めたものであろう。

美しき花を眺むる憂さ晴らし、思い余りし吾れの行く末
美しい花をながめりゃ憂いを忘る、それがせめての心やり
忘れぐさ忘れたいもの山々あれど、忘れちゃならない人もある

（『植物一日一題』より）

日本の特産ハマカンゾウ

ハマカンゾウ（浜萱草の意）というワスレグサ（萱草）属の一種があって、広く日本瀬海の岩崖地に生育し、夏秋に葉中長葶を抽いて橙黄花を日中にひらき、吹き来る海風にゆらいでいる。花後にはよく蒴果を結び開裂すれば黒色の種子が出る、むろん宿根草である。

葉はノカンゾウと区別し難く、狭長で叢生し、葉色はあえてナンバンカンゾウ（南蛮萱草の意）のように白けてはいなく、またその葉質もナンバンカンゾウのように強靭ではなく、またその葉形もナンバンカンゾウのように広闊ではなく、またその花蓋片もナンバンカンゾウのように幅広からずで、それとは自ずから径庭があり、かつまたナンバンカンゾウの葉はその葉の下部が多少冬月に生き残って緑色を保っている殊態があるが、これに反してハマカンゾウの葉は冬には全然地上に枯れ尽してしまうことが、ノカンゾウまたはヤブカンゾウなどにおけるとまったく同様である。根もまたノカンゾウ、ヤブカンゾウと同じく粗なる黄色の鬚根で、その中にまじって塊根をなしているものがある。そして株からは地下枝を発出して繁殖するから、植えておくとだいぶ拡がり、花時には多くの葶を出してさかんに開花するが、その花径はおよそ三寸ばかりもある。

花がすんだ後なおその緑色の葶が枯れず、その梢部に緑葉ある芽を生ずる特性があるが、初めこの現象あるに気がついたので写真入りで、昭和四年（1929）四月十五日発行の『植物研究雑誌』第六巻第四号誌上にその事実を発表したのは久内清孝君で、同君はそれを相州葉山長者ケ崎の小嶼で採集せられたのであった。そして私はこの種にハマカンゾウの新和名とともにHemerocallis littorea *Makino* なる新学名をつけておいた。

このハマカンゾウは一つの good species であり、また littoral plant である。広く太平洋、日本海の沿岸に分布して生じているから、中国でも四国でもまた九州でも常に瀕海の崖地で見られる。薩州甑島《こしきじま》に生ずる萱草もたぶんこのハマカンゾウにほかならないであろう。

琉球ではハマカンゾウは自生していないが、しかしこれを圃隅に植えてその花を食用に供している。そしてこれを塩漬にもし泡盛漬にもし、また汁の実にもするが、内地ではいっこうそれを利用していない。

昭和十九年二月に、東京の桜井書店で発行になった吉井勇氏の歌集『旅塵』に、佐渡の外海府での歌の中に「寂しやと海の上より見て過ぎぬ断崖に咲く萱草の花」というのがあるが、この歌の萱草は疑いもなくハマカンゾウを指しているのである。

終りに、上のナンバンカンゾウそのものについて述べてみると、飯沼慾斎の『草木図説』巻之六（文久元年辛酉1861）に萲草（通名）と出で、明治八年（1875）の同書新訂版にはワスレグサ萱草と出ているその植物は、決して萱草でも萱草でもまたワスレグサでもなくて、これはよろしくナンバンカンゾウとせねば正しい名とはなりえないものである。欲斎氏はこれをHemerocallis flava（羅）Geele Dagschoon（蘭）にあてているが、これは無論あたっていなく、そしてその正しい学名はHemerocallis aurantiacus *Baker* である。本品はけだし支那の原産でわが国へは徳川時代に渡来したものである。爾来人家の庭園に栽植せられ一つの花草となっているが、しかしそうふつうには見受けない。右『草木図説』には「伊吹山に多く自生あり」と書いてあるが、これは欲斎の誤認で、同山には絶対にこの種を産しなく、ただ同山にはその山面の草地にキスゲ一名ユウスゲ一名ヨシノキスゲ一名マツヨイクサ（同名がある）、すなわちHemerocallis Thunbergii *Baker* を見るだけである。

右の萲の字は藼の字の誤り、これは萱と同字で、その漢音はケン、呉音はカン、共に忘れる意である。

（『植物一日一題』より）

冬に美観を呈するユズリハ

ユズリハはその葉片にもむろん美点はあるが、冬にいたるとその太き長き葉柄がことのほか紅色を呈してうるわしくなる。葉片と枝とは緑色であるから、これに反映しての葉柄美は特に目立ち、ユズリハはまったく冬の植物であることを想わせる。葉柄の前側には狭長な縦溝路があり、葉や質が鈍厚で表面は緑色を呈するが、裏面は淡緑色で常にある菌類《キノコ》が寄生し、諦視すると細微な黒点を散布している。またある白色黴の菌糸が模様的に平布して汚染《しみ》のように見える。すなわちこれらがその葉の裏面の状態である。つまびらかに検してみるとなかなか興味のあるものである。

ユズリハは譲り葉で、その時季に際すれば旧葉が枝から謝すれば、さっそくその上方に新葉が萌出して旧葉に代わるからそういわれる。タブノキなどの葉でもやはり同じく新陳代謝はするが、その中にもユズリハが最も目立って著明である。

ユズリハの葉は大形常緑で、その中脈は葉の上面にも隆起するが、しかしことに下面にいちじるしい。支脈は多数で羽状に並んでいる。

ユズリハの枝を取りそれを上方より望み見れば、その葉が車輪状に四方に拡がり出で、したがってその赤き葉柄も四方に射出して見え、外方は緑葉、内方は赤葉柄で特に美しく眺められ棄てたものではないと感ずる。

ユズリハは諸州の山地に自生があるが、また庭樹としても植えられてある。また葉柄はときに淡紅色のものもあればまた淡緑色のものもある。この淡緑色の品をアオユズリハと称する。

正月にユズリハを飾るのは、譲るの意で、親は子に譲り、子は孫に譲り、子々孫々相襲いで一家を絶えさせんようにと祈ったものである。この点からみるとユズリハはめでたい木である。松竹梅に伴わさしてもよかろう。私の庭には今二本のユズリハの木があるが、その葉が美わしく茂って、万歳を寿《ことほ》ぎしているかのように見える。

（『植物一日一題』より）

ユズリハを交譲木と書くのは誤り

支那に楠（または楠木とも書く）という樹木がある。わがタブノキ一名イヌグスに似たものでともにクスノキ科の常緑喬木である。

日本の昔の学者はこの支那の楠をクスノキにあててその樹だと思ったので、かの『本草和名』だの、『本草類編』だの、『新撰字鏡』だの、『倭名類聚鈔』だの、また『倭漢三才図会』だのにはみなそう書いてある。そしてこうしたことの習慣がなお今日までも人々に浸透していて、現代にできた書物にもなお依然として昔のままにこれをクスノキだと書いてあるものが多い。すなわちかの大槻博士の『大言海』などがそれであって、まことにもっておくれかえったことにぞありける。

ここに痛快なことがある。それはすなわち貝原益軒の意見である。益軒は彼の著『大和本草』において、当時楠をクスノキだとする滔々たる俗流に染まずしてこの楠をイヌグスすなわちタブノキにあて一家の見識を立てているが、これは無論当たってはいないとしても、その楠の真物とそう遠からざるところまで漕ぎつけているのは当時にあってはまことに珍しい稀有のことで、その卓見にはひたすら感心のいたりに堪えない。そしてクスノキをば「樟ナリ」と書いていていてじつに正確にそれを認めているのである。益軒はじつに拝崇すべき偉い人でそれは『大和本草』を繙いてみてもよくうなずかるるのである。

日本における本草学者の方面では小野蘭山が主としてこの楠をユズリハだと言って大いにその説を主張し、その著『本草綱目啓蒙』では堂々とそう書いている。そこで蘭山を本草学の北辰だと信じていた四方の学者たちはあたかも衆星のこれに伴うようにその説に賛成し、今度は楠はクスノキではなくてそれはユズリハだということになった。しかしなんぞ知らん、楠は決してユズリハそのものにあらざることを。ここにいたって楠をユズリハだとする蘭山の説はまったく破れてその存立を失ってしまった。

上のように楠はクスノキでもないしまたユズリハでもないとすれば、それならそれはどんなもんかというと、この楠はいっさい日本にはなくただ支那ばかりにあって、同国ではナン（楠）またはナンム（楠木）という常緑の大喬木である。つまり支那の特産樹である。そしてその学名はこれを Phoebe Nammu Gamble というのだが、その前にはこれを Machilus Nammu Hemsl. だのまたは Persea Nammu Oliv. だのととなえられていた。

右にて楠という樹の正体は判然したが、馬鹿をみたのはわが邦の学者たちであった。なにも日本に関係のない樹を捉えて、ヤーそれがクスノキだ、イヤそれがユズリハだと額に筋を立てて騒いだのも、今日となってみればまったく拍子抜けのしたものだ。こんな間違いの事件はほかにもザラにあって、その正邪を裁くため裁判所へ出訴すれば検事も判事も目を廻すのであろう。その裁判にかけねばならぬ件はいくらあるのか分からんほどたくさんにある。

私は世間の学者たちがよく書くようにユズリハを交譲木とすることには大反対である。なんとならばこの交譲木は決してユズリハではないからである。しかしもしもその交譲木がユズリハであったとしたらそれはなかなか好い字面である。が、不幸にしてそれがそうでないからがっかりする。

そんならその交譲木はなんであるのかというと、これは上に書いた支那の楠の一名である。すなわちそれがそのとおり楠の一名であることが余庭璧の著わした『新刻事物異品』の巻の下、第二十五葉にちゃんと出ている。楠木は前に言ったように決してユズリハではないから、その一名たる交譲木がユズリハたり得ざることは自明の理である。

支那で楠をかく交譲木といったのは、楠の葉が『本草綱目』楠の条下に「歳を経て凋まず新陳相換う」（漢文）と書いてあるように、旧葉が落ちて新葉がこれに代わる状がいちじるしいからである。おもうに上に書いたように小野蘭山が楠をユズリハとしたのもかたがたこんな文章があずかって力があったからでもあろう。楠に類したわがタブノキでもその葉の新陳代謝は存外いちじるしいのである。旧葉すなわち昨年の葉の落ちる四月頃に樹下へ行くと、だいぶ地面にその落葉が散らばっているのを見受ける。

ユズリハは支那にもあって浙江省、湖北省、湖南省、ならびに四川省の地に産するから、なにか支那の名があるだろうけれどもそれが今つまびらかでないのである。ただ松村任三博士の『改訂植物名彙』漢名之部にギールス氏の挙げた漢名として山黄樹が載せてあるが、しかしそれが果して正確な名かどうか分からなく、どうもユズリハのものとしてはその字面が頭へピンと来ない。

以上は「ない」が三つ続いた。第一、楠はクスノキではない。第二、楠はユズリハではない。第三、交譲木もユズリハではない。そして「ある」が二つある。第一、楠はナンで支那の木である。第二、交譲木はナンの一名である。よって件《くだん》のごとし、でケリ。

藤一字ではフジにならない

　世間一般に昔から藤をフジとしているが、しかし千年あまりも昔にできたわが国で一番古い辞書の『新撰字鏡』（僧昌住の著）には、まだこれをフジとはしていなくて、それを藟としてある。これは支那の書物の『説文』に従ったものであろう。藟（音ルイ）とはツルすなわちカズラのことで、それは藤の字の本義である。したがって藤はカズラである。『玉篇』には「藟ハ藤也」とあり、また「藤ハ藟也、今草ニ莚シテ藟ノ如キ者ヲ惣テ呼ブ」とある。また『大広益会玉篇』にも同じく「藟ハ藤也」とあり、また「藤ハ艸木ニ蔓生スル者ノ惣名ナリ」ともある。また右の『大広益会玉篇』の和刻本（日本での刻本）には藟の字のところに「藟ハ藤也」とある右側にフヂカヅラ、左にクヅフヂの訓が施してある。これはたぶん今いうフジのカズラ、クズ（葛）のカズラの意でつけたものと想像して可とも思われる。

　本来、藤はカズラ、すなわちツルのことであるから、今日花を賞するあのフジは藤の一字を用いたのではそのフジすなわち Wisteria（Wistaria）のフジにはならない。紫藤と書いて藤の上に紫の形容詞を加えてはじめてフジになるのだが、じつはこの紫藤は支那産であるシナフジ（Wistaria sinensis *Sweet*）の名で、今それを日本産のフジに適用することはできない。日本にはフジが二種あって、一つはノダフジ（Wistaria floribunda *DC.*）、一つはヤマフジ（Wistaria brachybotrys *Sieb. et Zucc.*）で、この二つの品の総称がフジである。そしてこの二種は日本の特産で支那にはないから、したがって支那の名すなわち漢名はない。ゆえに日本のフジを紫藤と書くのは間違っていることを承知していなければならない。

（『植物一日一題』より）

アオツヅラフジ

私は今植物学界の人々ならびにその他の人々に向かって、アオツヅラフジの名を口にすることを止めよ！　と絶叫するばかりでなく、それを止めるのが正道で、止めぬのは邪道であると公言することをはばからない。なんとなればツヅラフジ科の Cocculus trilobus *DC.*（= *Cocculus Thunbergii* DC.）は断じてアオツヅラフジではないからである。

しからばそのアオツヅラフジとはいったいどんな植物か、すなわちそれはアオカズラ（『本草和名』、『本草類編』、『倭名類聚鈔』）、一名アオツヅラ、一名アオツヅラフジ、一名ツヅラカズラ、一名ツヅラフジ、一名ツヅラ、一名ツタノハカズラであってふつうにはツヅラフジととなえる。すなわちこれを学名でいえば Sinomenium diversifolium Diels でもとは *Cocculus diversifolius* Miq. と名づけられたものだ。Menispermum acutum *Thunb.* がたぶんこの植物だろうと私もとく独自に考えて、Sinomenium acutum として大正十三年（1924）十二月東京帝室博物館刊行の『東京帝室博物館天産課日本植物乾腊標品目録』でそう発表しておいたが、これに先だって Sinomenium acutum *Rehd. et Wils.* の名も公にせられた。しかし私の考えでは、右の Thunberg の記載したものが果してツヅラフジに相違ないかどうか。いま同氏の原記載文を精読してみてもどうも少々腑に落ちない点もあるので、これはどうしても Thunberg の原記載文を産んだ原標品を見ないと、確信をもってこれを裁断することはできないと思っている。

今日植物界で Cocculus trilobus *DC.* をアオツヅラフジと呼んでいる誤謬を世人に強いたのはかの小野蘭山であって、彼の著『本草綱目啓蒙』でそうした。まったく蘭山が悪いので、どうも蘭山ともあろう大学者がツヅラフジの認識を誤っているとは盛名ある同先生にも似合わないことだ。そしてその当時から幾多の学者があってもその目はふし穴同然で、だれもその非を唱えたものはなかったが、しかし一人紀州の畔田翠山は偉い学者で、このツヅラフジをよく正解しこれを彼の著『古名録』に書いて、その正しい名を世人におしえた。すなわちそれはカミエビであった。このカミエビはたぶん神蘡薁の意であろうと思うが、カミはあるいは別の意味かも知れない。ゆえに今日アオツヅラフジの名を誤称している人々はさっそくにそれをカミエビの名にかえて呼び、もって昨非をあらため今是とすべきだ。重ねていうが Cocculus trilobus *DC.* はアオツヅラフジではなくてカミエビである。そしてアオツヅラフジはまさにツヅラフジの名であることを牢記すべきである。

蘭山は上に書いたように Cocculus trilobus *DC.* の名を間違えてアオカズラすなわちツヅラフジとしたので、蘭山はツヅラフジへ別に名をこしらえ新たにこれをオオツヅラフジといわねばならなかった。これはじつは屋上更に屋を設くの愚をあえてしたもので、ひっきょうこのオオツヅラフジの名はまったく不要な贅名である。なんとなればこのオオツヅラフジは取りも直さずツヅラフジそのものであるからである。世人はこのイキサツを知らないから蘭山の説に盲従してオオツヅラフジの名を呼んでいるが、このオオツヅラフジはツヅラフジでよいのである。つまり蘭山はツヅラフジを間違えそれをよく正解しておらず、その名を Cocculus trilobus *DC.* のものだと思い違いしていたのである。そして世人はその思い違いの名をありがたく頂戴していた、イヤいるわけだ。

今これを分かりやすくハッキリと書き分けてみれば次のとおりとなる。

アオカズラ、アオツヅラ、ツヅラカズラ、ツヅラフジ、ツヅラ、ツタノハカズラ、メクラブドウ、フソナ

Sinomenium diversifolium *Diels*（= *Sinomenium acutum* Rehd. et Wils.）= *Cocculus diversifolius* Miq.

これを漢防已にあてているがあたらない。

◯カミエビ、チンチンカズラ、ピンピンカズラ、メツブシカズラ、ヤブカラシ（同名がある）、ハクサカズラ、ウマメノ、ヤマカシ

Cocculus trilobus *DC.*（= *Cocculus Thunbergii* DC.）

これを木防已にあてているがあたらない。

ついでに記してみるが、『本草綱目啓蒙』防已の条下に「今花戸に一種唐種漢防已と呼者あり葉の形オオツヅラフジに似てうすく色浅し蒂も微く葉中による根は細く色黄にして内に白穣ありて車輻解をなさずこの草は諸州深山にもあり、勢州にてコウモリヅタとよび、越前にてコツラフジと云」との文があって、唐種漢防已とコウモリヅタ（牧野いう、コウモリカズラのこと）とを同種だとしているのは誤りで、この二つは全然別種である。漢防已は決してわが日本には産しないから、右の『啓蒙』の記するところはまったく間違っている。この『啓蒙』にはこんな誤謬が書中いたるところに見出さるるのは遺憾である。櫛をつくる材をモチノキ属のイヌツゲだとしているなどは中にもその誤りの大きなものであって、黄楊のツゲすなわちホンツゲが泣いていることが聞こえんだろうか。

（『植物一日一題』より）

世界に誇るに足るわが日本の植物

すげでは世界の一等国

わが日本は非常に植物の豊富な国である。ことに土地が南北に長いものであるから、北は寒地の植物が繁殖し南は熱地の草木が鬱茂し、その中間には暖帯温帯の品種が生じて、したがって種類の豊富をいたしたものである。今その中について見るに、すげ属（Carez）のごときはその一属中にじつに三百余種の種類すなわち「スペシース」を含みて世界のすげ一等国の資格をそなえ、またすみれ属（Viola）も一属中にこれまた五十種ばかりの品種ありて、世界に冠たるものである。このごとき有様ゆえわが日本には世界に誇るべき植物が決して少なくない。今ここにその中の主なるものを挙げてその一斑を示してみようと思う。

日本一の名花

わが国で世界に対して誇るに足る第一の植物はさくらである。ここに私のさくらと言いしはやまざくらとさとざくらとの一群を指したもので、これらの中にはじつに種々の園芸的変種が含まれておって、その数実に数十品にのぼっている。かのひがんざくら並びにえどひがん（東京人の呼ぶひがんざくら）もまた外国には無論これなき種類なれども、私のここに言うさくらの品種中には入っておらぬ。これは植物学上まったくやまざくら並びにさとざくらとは別の種類であるからである。わが日本のやまざくらはだいたいこれを二つに大別することができる。すなわち一つは北方の品で一つは中部ならびに南方の品である。この中部ならびに南方のものがいわゆる世人の呼ぶやまざくらであって、北方のものはすなわちおおやまざくらである。このおおやまざくらは北は樺太より南は本州の中部までの間に産する。このさくらから家植のさくら、すなわちさとざくらが幾品か出ている。やまざくらはいわゆる「朝日に匂う山桜花」と歌われしものでじつにわが国花中の王である。その春日うららかなる日に、霞のごとく雲のごとく四方の山々を飾るさまはじつに世界に比類のない景色であると思う。さとざくらとはやえざくら等の家植のさくらの一群で、品種がはなはだ多い。いったいにやまざくらよりはおくれて花の咲くものであるが、花が濃艶であってまことに美しい。これまた決して外国で見られぬわが国の名花である。

桜の珍種染井吉野

近来そめいよしのと称する桜がだいぶ繁殖してここかしこにふつうに見られるようになった。

ことに東京市中の桜は大部分この品である。この桜は昔なかったものだが徳川の末葉ごろから植え始めたもので、染井の花戸から出たものだということである。ゆえに吾人はこれを染井吉野と呼んでいる。植木屋などは単に吉野と呼んでいるがさように呼ぶと和州吉野の桜と間違うから吉野の上に染井を添えて染井吉野というのである。この桜はやまざくらならびにさとざくら等とは別種のもので、学問上ではプルヌス・エドエンシスと称する。その花はたくさん枝に満ちて開きすこぶる濃艶であるから都会の花としてはじつに申し分がないと思う。この桜もまた世界に対してその美を誇るに足る一つである。

欧米人の賞観する椿

つばきもまたわが邦の名花であってこれはとっくに外国へ渡って大いに外国人をあっと言わせたものである。外国では日本人がびっくりするほどたくさんの品種を集めてとっくの昔その品々がみな書物となって出ているくらいである。同属中のさざんかもまた外国に誇るに足る花木の一つである。また、ちゃも欧米人に珍しく感じられる灌木たるを失わぬ。

支那渡来の梅と菊

うめは元来支那から渡ったものであるが、わが日本の風土に適してよく繁殖し、世人がひどくこれを観賞するあまり、したがって多種の園芸的変種ができている。これも外国にはない花木の一つである。このように元来わが邦にはなかったものが、支那もしくは朝鮮より渡ってわが邦のもののようになり、その美を世界に誇りおる植物は決して少なくない。すなわち、ぼたん、しゃくやく、はす、あじさい、かいどう、あさがお、せきちく、はくもくれん、きくなどはその中の主なるものである。この中でぼたん、しゃくやく並びにきくはたいへん種類が多くなっているが、中に就《つい》てきくは昔時支那渡来以来大いにわが邦にて発達ししたがって種々の名花ができ、品種もまたきわめて多くなって幾百品を数うるにいたり、かえって本国の支那よりは遠く優った国となっている。そしてこの菊がわが国より西洋へ行ってまたかの地で大いに種類が殖え、きく属すなわちクリサンテーム属の第一の立ものとなっている次第である。

藤は日本固有の産

ふじはわが国に二種支那に一種あるが、支那の種は早くから西洋へ行って向うの人の目を悦ばしめたものだが、かえって近いわが日本へは来ていない。日本のふじは日本固有の産で二種とも山地に自生品がある。家植のものは、もとこの自生品を採って植えしもので、栽えた後に白花のものや八重咲のものができたものであろう。その二種の一つはやまふじである。花穂短く花大きくかつ早く咲くこのものの白花のものがしらふじである。また一つは通常ふじと呼ぶもので、花穂が長く花が小さくやまふじより少しおくれて咲く。この品をまた野田ふじと称するのは摂州の野田に一つの名木があったからである。この名木も近年土地の発展につれて人家櫛比し、今は見る影もなくなっているとその土地の人に聞いたことがあるが、はなはだ惜しいことである。これらのふじもまた外国には産せぬのである。

山吹もまたわが邦の特産

かざぐるまは蔓本であってりっぱな大花が咲いてまことに美しい。とっくに外国へも渡っているがこれも自慢するに足る一品で、せんにんそう属中の立ものである。やまぶきはわが邦の特産で自慢のできる灌木である。既に早く外国へも渡っている。つつじ並びにしゃくなげの類でも外国に誇るに足るものが少なくない。きりしま、れんげつつじ、りゅうきゅうつつじ、むらさきりゅうきゅう、やまつつじ、さつきつつじ、ほんつつじ、みつばつつじ、けらまつつじ等、算えくればたくさんある。またしゃくなげ、おおしゃくなげ、ほそばしゃくなげ、はくさんしゃくなげも外国にない品種で、外国には好かるる花木である。

園芸的変種に富むかえで

かえで属の品種はわが邦にはずいぶん豊富にあるがしかしその中で、最も世人に貴ばれまたは賞めらるるのは、かえですなわち学問上のアセル・パルマツムである。この品にはじつにたくさんの園芸的変種があって、その葉形並びに葉色が種々雑多である。このように一種で変わったものは同属中の多種には決してないので、これまたわが邦の誇りとするに足るのである。その紅葉はまたじつに美なるものであることは世人のあまねく知るところのものである。

外人の珍重する竹

たけは西洋にはないのでかの地では大いに珍重がられている。それゆえ園芸品として気候の許すかぎり栽培して観賞されている。その品種は、もうそうちく、はちく、まだけ、くろちくを始めとしてやだけ、なりひらだけ、めだけ、はこねだけ、かんちく、しかくだけ、おかめざさ、くまざさ、ちまきざさ、ちござさ、かむろざさ、きんめいちく、ほうらいちく、ほうおうちく、すおうちく、しぼちく等とっくに西洋へ渡っている。

多種多様のひば

わが邦のひばの類はひのき、さわらより変わり来たったもの、ならびにあすなろなどより出たものをあわせてその品類がきわめて多く、各特異の形貌を呈して種々の趣があるものであるから、庭園の装飾樹として尊重せられおることは世人のあまねく知りおる事実であるが、西洋人の目にもこれらひば類がたいそう趣味深く見えたものであるからたちまち欧米各国へ渡りて好評を博したわけである。このような有様ゆえ、西洋で出版した書物の中にもわが邦産のひば類が詳しく出ており、また学者がよくこれを研究してその品類を定めている。

公孫樹に蘇鉄に棕櫚

いちょうすなわち公孫樹は元来支那の原産であるが、遠き昔いつごろかわが日本へも植えられてから今はほとんど日本産のようになっており、西洋の書物などを見てもその原産地が支那並びに日本と出ているほどである。この立派なる樹木はじつに植物界中の珍種でまことに誇るべき資格あるものである。以前はただ松柏科中の一種としてあったが、今よりおよそ四十年ほど前に平瀬作五郎氏がこれに精虫のあることを発見して、にわかにこのいちょうの植物学上の位置が確定せられ、すなわち松柏科の中から離れて別に同じく裸子植物中にいちょう門が建てられて、松柏科を含める毬果門と肩をくらぶるにいたったのである。右の事実があるばかりでなくその樹勢の壮大なることと寿命の長きことと秋にいたって美麗に黄葉することなどありてこの樹がきわめて名高きものとなっているのである。そてつもまたわが邦の特産でいちょうに次いで面白き植物であるのみならず、これもまた世界へ見せびらかすに足る一つである。

しゅろ、すなわち、わじゅろもまたわが邦の特産である。しかしとうしゅろすなわち棕櫚は支那の特産であるが、共に世界へ向かって自慢のできる植物である。

かつらに柿に枇杷その他

やまぐるまという常磐木があってわが邦諸州の深山に生じている。この樹皮からとりもちが製造せらるるので一つにとりもちのきと称するこの樹は、植物学上では比類の少ないもので、やぐるま科と称する特別なる一科をなしており、かつわが邦の特産である。別にふさざくらと称する落葉樹があってこの科に属しているが、共に世界に向かっては珍しき植物である。

めまつ、おまつ、こうやまき、いぬまき、あすなろ、つが、とうひ、もみ、はりもみ、かや、すぎ等もみな外国に誇るに足る松柏類の樹木である。

かつらもまたわが日本特有の落葉喬木であって、これも世界へ対して誇るべき品である。かつら科という特別なる一科をなして独立雄視している。

びわ、すなわち枇杷は支那にも産するが西洋にはないので、向うでは珍しく感じている。かき、すなわち柿は果実として世界に誇るべきものである。支那にもあれどもわが日本で最もよく発達しており、したがって種々の品種がある。西洋の人は珍しく感ずる果実の一つである。

花菖蒲に百合

はなしょうぶは、わが邦の名花として外国では大いに賞観されている。外国にもこの属、すなわちイリス属の品種は種々これあれども、このはなしょうぶのように立派でかつ花色の変化の多きものは他にないので、これまた大いにわが邦の誇りとするに足るのである。

ゆりは日本産のものが世界で一番名高い。年々わが邦より欧米諸国へ輸出する球根はじつにおびただしきもので、幾万という数が毎年出て外国輸出植物中の巨擘となっている。その中で最も名あるものは、てっぽうゆり、やまゆり、かのこゆりであって、その他おにゆり、すかしゆりなどもみなとっくに外国に渡っている。日本の百合の根は外国で久しくもたないため、毎年毎年日本より絶えず外国へ輸出しているから、その輸出商人にはだいぶの金が外国の商人より入りおるのである。欧米人に百合花の嗜好のなくならない限りはいつまでも商売ができてまことに万歳のいたりである。

さくらそうもまたわが邦の特産で外国にはない。昔より園芸的変種が二、三百もできておって花容花色に変化が多くまことに優美に花を開くのであるが、この変り品は日本では古くよりあるが、しかし西洋へはただその中の一、二が行っているばかりのようである。このようにたくさんの変り品が一種より出でているものはさくらそう属中の他の種にはないことで、これもまたわが邦さくらそうの誇りである。

寄生植物やっこそう

植物学上で最も珍しきわが邦産の一つはやっこそうである。これはしいのきの根に寄生する寄生植物で四国の南部および九州の南部に生ずる。高さは二、三寸しかなく葉がなくて大なる鱗片があり茎に生ずる。その頂に一つの花が咲くがその花はただ一枚の蕚と帽状をなせる雄蕋と一雌蕋があるばかりである。全体の色は薄茶色で緑色は少しもない。このやっこそうはかの有名なるラフレシアを含めるラフレシア科に入りそうでまったく別の科であるから、私はさきにやっこそう科と称する一新科を建てたのである。顕花植物中で新科をわが日本に建てたのはこれが始めてである。学術上の名称も無論新しく名づけたので、それは Mitrastemon Yamamotoi Makino というのである。

（『随筆草木志』より）

アマチャとコアマチャとツルアマチャ

時局がらこの頃砂糖が得られないので、一般世人がなにか甘味料はないものかと自然にそれに関心を持つようになったが、その中にアマチャがある。このアマチャはユキノシタ科の落葉灌木で日本の特産にかかり、七月頃枝頭にガクソウすなわちガクアジサイ式の繖房花序をなして細花が咲き、その周辺に藍色あるいは浅藍色、あるいはたまに白色の胡蝶花すなわち招牌花をめぐらせている。そして中部を占める細小な正花には、十雄蕋と半下位の子房とがある。茎は叢生して高さ六、七尺ばかりに達して分枝し、葉は枝に対生して鋭尖頭の楕円形を呈し、葉柄と鋸歯とがあり、緑色なれども冬が近寄ると日光を受けて落葉前にその葉面が暗紫色に染むこと同属のベニガク、ヒメアジサイ、ガクアジサイなどと同様である。この葉生《なま》のときはそうでないが、それが乾くと初めて甘味が出てくる。

従来わが邦の本草学者は、このアマチャをもって支那の土常山に当てているが、それは無論誤りであったことが今日ではよく判明している。すなわちこの土常山なる植物はアマチャと同属のものであれど、Hydrangea aspera D. Don の学名を有して支那と印度とに産しわが日本には産しない。しかしこれもまたアマチャと同じくその葉に甘味がある。されば李時珍の『本草綱目』にも、「今天台山に一種の草〔牧野いう、じつは灌木〕を出し土常山〔牧野いう、単に常山というのはやはりユキノシタ科の Dichroa febrifuga Lour. で和名をジョウザンアジサイと称する〕と名く、苗葉極めて甘し、人用て飲と為すに甘味なること蜜の如し」〔漢文〕と出ている。そしてこれはトウアマチャと呼ばれるがそれは私の命じた和名である。

アマチャは甘茶の意でその甘い汁を飲用するからこの名がある。今そのアマチャがその木の名にもなっていれども、じつを言うとその木を呼ぶときはすべからくアマチャノキというべきである。徳川時代の本草学者はそれを蔓草のツルアマチャ〔絞股藍〕と分かつためにこれをキアマチャ〔木甘茶〕ととなえた。

昔アマズラすなわち甘葛と呼んだものがあったが、それはもとより上のアマチャとはなんの関係もなく、その実物はブドウ科のツタであった。すなわちこのツタの蔓から採った液汁を煮詰めればきわめて甘いものとなる。これがアマズラ〔甘葛〕の飲料である。大槻博士の『大言海』アマチャの条に「古へ云ヒシ甘葛煎《アマヅラセン》是レナルベシ」とあってそれをアマチャであろうとしており、また甘葛を「絞股藍《ツルアマチャ》ナルベシ」と書いてもあるが、これは両方とも全然誤りである。

甘茶は旧暦四月八日に、諸所のお寺の灌仏会のとき沸かしてこれをお釈迦様の銅像に注ぎ掛けそれを甘露になぞらえたものである。そこで参詣人はこれをお寺で貰い受け、わが家へ持ち帰って飲み仏様の功徳に浴せんとするのである。またこの甘茶は醤油に甘味を付する料としてその醸造のときこれを使用することがあり、また売薬仁丹の衣にもその甘味を利用することもある。そしてこの甘茶を製するには七月頃その生葉を枝から採り、蒸してその緑汁をしぼり去り、しかしてこれを乾かすのである。すなわちかく乾かして始めてその葉に甘味が出る。そこでその乾葉を煎じた汁が飲料のいわゆる甘茶である。

アマチャは一、二本くらいは往々人家に植えてあることを見かけるが、信州の北境、上水内《かみみのち》郡柏原村では大量にこれが畑に作られていることを大正十年（1921）八月始めて同地にいたって知った。そして畑に列植せる一株一株ごとにその茎が叢生しているが、それは初め数本を束ねて挿木にし生育せしめたもんだ。七月頃にいたり茎が三尺内外に生長した時、その株本から刈り取ってその葉を収穫する。葉を採った後の茎はその上部を除き去ってそれを挿木して新たに苗を作るのである。この木は扦挿すると容易に発根するがゆえに、これを繁殖さすにはまことに便利である。

アマチャはアジサイ属（Hydrangea）でそこにその種類が二つあって、一つは大、一つは小である。そして大の方がすなわちふつうのアマチャ（Hydrangea macrophylla Ser. subsp. serrata Makino var. acuminata Makino forma Oamacha Makino）で、小の方がすなわちコアマチャ（H. macrophylla Ser. subsp. serrata Makino var. Thunbergii Makino = H. Thunbergii Sieb.）である。前記信州の柏原村ではこの両方が作られてあって、コアマチャの方が樹が小柄である。大正十五年（1926）七月に再びそこにいたって見ると、野尻路の畑のものにたくさん花が咲いていた。それは前年の茎から花枝が出たものであった。今年生長した茎には花が出ないから、アマチャ葉を収穫するものにはしたがって花が見られない。そのとき私はその辺の農夫に、ナゼこのように花の咲くまで打捨ておくのかと聴いてみたところ、その農夫が言うには、近年アマチャの値が下がり乾葉一貫目金三十銭なれば良き方、廉《やす》いのでは二十銭余でとても商売にならんから、それでそのまま畑に放棄してかえりみずにあるとのことであった。それゆえその年は前年の茎からほしいままに枝を分かってさかんに花が咲いたことが判った。いったいアジサイ属の諸種はその年に生長した茎には絶対に花が咲かなく、花の咲くのは次年の枝からである。さて私はこんな好期を逸してはまたと再びその運に出会うことはあるまいとだれにはばかる心配もなく、いわゆる奇貨措くべしとその花枝を採集したことしたこと、たちまち銅籃が一杯になった。そのときはトテモ私の顔が愉快げに見えたであろう。

ふつうのアマチャとコアマチャとは主としてどこが違うかというと、その樹にはもとより大小があってコアマチャの方がアマチャの方より倭小《わいしょう》であるが、しかしそれよりもその特徴を摑まえるにはその胡蝶花を睨めばよい。そうすればその両品の区別がすぐに付く。すなわちふつうのアマチャの方はその胡蝶花の萼片が四片あるいは三片で、形に大小をまじえ、広楕円形、卵円形、倒卵円形あるいはやや菱状楕円形で鈍頭を有し、通常は全辺であれどもときに多少鋸歯のあるものがある。コアマチャの方はその胡蝶花が円形であり、その萼は四片で各片平円形で円頭あるいは凹頭を有している。

わが日本諸州の山地に Hydrangea macrophylla Ser. subsp. serrata Makino var. acuminata Makino の学名を有するコガクというものがあって、ヤマアジサイまたはサワアジサイ（かつて宮部金吾博士の命名）の一名を有している。今日の植物学界ではこのコガクの名の適用を誤ってホソバコガク（H. macrophylla Ser. subsp. serrata Makino var. angustata Makino）をそう訛称している。そしてこのコガクは深山に多いがまた浅山にも見られる。よく藍色の胡蝶花が咲いていて吾人山行者の眼をひくのである。落葉灌木で高さは三、四尺ばかりに成長し、茎は叢生して分枝し、葉は葉柄あって枝に対生し、鋭尖頭を有せる楕円形で葉縁に鋸歯がある。ふつうのアマチャはその形態がこのコガクそっくりであるが、このコガクの葉には甘味がない。しかしもしも甘味があったら疑いもなくアマチャであるが、それは葉を乾かし味わった後でないと、どっちであるのか単にその外観ばかりではいっこうに分からない。要するにアマチャはコガクすなわちヤマアジサイの一品たるにすぎないのである。

ふつうのアマチャは前記のとおり往々人家に植えてあるのだが、しかしまた野生がある。そしてその野生品は近江の伊吹山に多く、また美濃武儀郡その他諸州の山地にもあるといわれるが、私は不幸にしてまだその自生品に逢着したことがない。

ツルアマチャ

Siebold の Flora Japonica の書に、Hydrangea Thunbergii Sieb. の和名をアマチャとしてあるので、通常アマチャにこの学名が使ってあれど、これはコアマチャに対する学名で、ふつうのアマチャに対する学名ではないことを心得るべきだ。

　上に書いたヤマアジサイ、サワアジサイの本名コガクは小額の意で、一にまたコガクソウ（小額草）ともとなえる。これはガクソウ（額草）すなわちガクアジサイに似て小さいからかく呼ばれる。そしてこの額は扁額のことで、その繖房花穂をその額に擬したものだ。すなわちその花穂を取り巻く胡蝶花を額縁《がくぶち》に見立てたものである。元来これは木本であるけれども全体に柔らか味を帯びているので、古人がこれを草と感じそこで額草といったものだ。ゆえにガクソウを萼草と書くのはこの由来をわきまえぬ人の誤記である。

伊豆の天城山にかつて私の命名したアマギアマチャというものがある。アマチャと同属の異種でやはり葉に甘味がある。これは生葉を噛んでも甘い。葉形は狭長で胡蝶花は色が白い。このアマチャが天城山にあるのでじつはその山名は甘木山であるといわれているが、果して真実そのとおりであるのかどうか。

ついでにいうが、葉に甘味のあるものにウリ科の宿根草ツルアマチャ、一名アマチャヅルがあって絞股藍なる漢名、Gynostemma pentaphyllum Makino の学名を有し、よく垣根などにからみ付いていて、茎も葉も一体に緑色である。葉は五小葉よりなる鳥趾形で、花は小形緑色、果実は小球形で緑色、のち黒熟する。

ある書物によると、葉味が甘いから製して灌仏に用うるとある。またある書物には、九州ではこの葉で甘茶を製するとあるが、これらは果して事実であろうか。すこぶる疑わしい。しかし葉に甘味があることは確かだから、その製法によってはあるいはこれを甘味資料に利用することができぬとも限るまい。時節がら一工夫凝らすべきところだ。

(昭和二十二年発行『牧野植物随筆』より)

正月の植物

お正月は年のはじめで、何もかもめでたくなければならない。人々が気を新たにして、これからまた踏み出そうというところで、武士でいえばいざ出陣というばあいである。それゆえ、万事縁起を祝って、その門出をにぎやかにせねばならぬ。そこでお正月のお飾りの植物はめでたずくめのものが取り揃えてあるわけだ。

門松の由来

まず、家の入口に門松を立てる。一方は右に、一方は左に対をなして二本立てる。門松のみどりはなんとなく新鮮な感じを与える。門松は一方は雄松（植物学ではクロマツという）、他方は雌松（同じくアカマツ）を用いるのがじつは正しいのである。

松は、昔から千歳を契るとも、また先年の齢を保つともいわれ、いく年もいく年も、その翠の色を保っており、その上、松は百木の長ともいわれて、まことにこの上もなくめでたい、貴い木である。

松は四季を通じて、いつも緑の色をたたえた常緑木で、それが雪中にあっても、なお青々としてしぼまず、いわゆる松柏後凋の姿を保っている。その繁き葉の一つ一つはかんざしの脚のように必ず二本の葉が並んで、これは幾千万の夫婦の偕老の表象だとも見立てられる。

「こぼれ松葉を、あれ見やしゃんせ、枯れて落ちても二人づれ」

と、唄われるとおりである。

また、松の枝が幹に輪生しているありさまは、車座に坐ってむつみあう一家団欒の相ともみることができる。また、雄松は幹のはだが黒ずんでいて強健であるから、男の勇敢豪壮を表わし、その剛い葉は不撓不屈の精神を示している。これに反し、雌松は、その幹が赤く、女の赤心貞淑を表わし、かつ葉は柔らであるので、温順な心情を示しているといえる。

このように、松は、どこから見ても、まことに嘉祝すべき樹であるから、これを年頭の門松に用うることは、真に意義深いものであって、よくもこんな良木を選んだものと感嘆せざるを得ない。

竹は歳寒三友の一つ

竹は、松に伴って用いられるが、これは万代を契るといわれ、これもめでたいものの一つである。竹の葉は、浮華《ふか》な移り気を戒めるように、四時青々としてみどりを保ち、亭々と直上した修稈は、まっすぐな心を表わしている。また竹は、柔に似て柔ならず、剛に見えて剛ならず、その中庸を得たしなやかな姿で、それが豪勇な松に配せられて寄りそっている姿は、剛柔、相和して両者まことにふさわしく感ずる。そして、その脱俗の雅容は四君子の一つにもかぞえられ、また、「本は尺八、中は笛、末はそもじの筆の軸」とうたわれ、まことにゆかしい性質をもっている。さればこそ、これに梅を配し、松竹梅を昔から歳寒三友と称えるのもむべなるかなである。

しめ縄の意味

注連縄《しめなわ》は、家の入口に張るが、これは邪気を払い、不浄を避くるためである。そして、その縄は、すぐ前の秋に刈り取った稲の清らかな新藁で作り、一方の端は揃えてそれを切ることなしに束ねたまま用いるのが正式である。これは飾りのない質朴な心情を現わしたものである。また縄は、縄墨とも書き、心の曲がらぬ意味をも現わしたものと解することができる。

ダイダイの名の由来

橙《だいだい》は代々に通わして子々孫々連綿と継承相続し、何代も何代も続く家の長久を表象させたものである。すなわち、それはその家の系統を重んじ、それを断絶さするのは大罪悪であることを反映している。橙をダイダイというのは、この実がはじめは緑色で、秋になり熟すれば、赤黄色となり、それが樹上にあって年を越し、翌年になれば再び緑色を帯びきたってはじめの緑色にかえり、かく色が重なるからそれで代々といわれるとのことである。ダイダイは回青橙ともいうが、この名もこれに基づいて名づけられたわけである。また、その実のへたが二重になっているからダイダイというとの説もある。

裏白を用いるわけ

裏白《うらじろ》は、暖地の山に繁茂している常緑の羊歯《しだ》で、その葉の裏が白色を帯びているから、それでウラジロという名がある。

この植物もまた四時、葉色が変わらず質も剛く、またその整然として細裂している葉姿もすこぶるよいので、それで元日のめでたさを祝うてこれを用いはじめたものであろう。

この羊歯はまた、モロムキという別名をもっているが、これはつまり「諸向き」の意で、共に向い合うことを示している。これが夫婦差向いの意にとれる。またこのウラジロは元来シダというが、今日ではシダはこの類の総称名のようになっているが、じつはこのウラジロが本来のシダで、昔はシダといえばこのウラジロのことを指したものである。

シダは、歯朶《しだ》の字をこれにあて、ヨワイノエダと訓ませ長寿を表象させている。すなわち、朶《しだ》は通常長く繁く生長しているものであるから、それを長く生きる意味に取ったものである。

昆布の由来

昆布《こんぶ》には、ヒロメという別名がある。これは、「広がる」の意に用い、嘉祝の品とする。世間では、これをヨロコンブ、すなわち「喜ぶ」の意としているが、じつはこの品を祝儀の場合に用いるのは、ヒロメ、すなわち「広める」の名があるからである。これは末広をめでたい言葉として用いると同様である。

コンブは昆布の漢字に基づいて昔から呼んでいる名ではあるが、元来、昆布と支那でいったものはじつはワカメのことで、今、日本でいっているいわゆるコンブそのものではないのである。つまり、名のあてそこないである。コンブの本当の漢名は海帯である。

譲り葉とは何か

ユズリハは常磐木で四時青々と茂っているが、しかし、初夏の候になると、その葉が新陳交代する。すなわち、その時分に新葉が萌出しくると、前年の旧葉が落ち散るのでまもなく新しい葉に代わってしまう。それで、これをユズリハと称する。このように葉の交代するものは、ひとりこの樹ばかりではないけれどもこの樹の葉が大きく目立ち姿も色もよいから、それで特にこれをユズリハと呼び、またこれを正月に用いたものである。

これを用いるのは、家では親は子に譲り、子は孫に譲り、譲り譲りして代々伝えて、永く、その家が繁栄しつづくことを表象し祝ったものである。

ホンダワラを飾るわけ

正月にはホンダワラも飾りに用いる。ホンダワラは、今日ではこのようにいうが、元の名はホダワラで、ホは穂であり、タワラは俵で、穂俵となし、めでたいものとしたのである。穂は、稲麦などの穀物の穂で、俵は穀物の入った俵があればまず生命に別条ないから、こんなめでたいことはない。昔は、海藻で小さい米俵の形を作って祝ったものといわれている。

ふるくはこの海藻をナノリソといった。また、神馬草の名もある。これは、昔、神功皇后が三韓を征伐せられるとき、渡航中、船の中で馬糧が尽き、この海藻を飼料に代用したので、それでこれを神馬草といったとのことである。

蝦とトコロの由来

エビは長寿の表象として用いるものである。エビは鬚があって、その体が曲がっているのを長生きの老人に見立てたものである。ゆえにエビは海老とも書く、すなわち海の老人である。ことにその姿勢が勇壮で、色も鮮かなのでなおさら賞用されるのであろう。

トコロもエビと同じく、長寿の老人を表象したものである。その地中の地下茎の曲がったのにたとえ、その鬚根を口鬚に比したものである。それゆえ、トコロを野老と書くが、これは野の老人の意味で、エビを海老と書くのと同じ趣である。

トコロは、古くはトコロズラといったもので、今ではこれにオニドコロの名がある。トコロの地下茎のいもは、その味がきわめて苦いが、ところによるとこれをあく汁で煮て、その苦みを薄らげ食用にすることがある。この草は、茎は蔓をなし、山野いたるところに生ずる。

かち栗を用いるわけ

かち栗は、シバグリの実を日に干し、臼《うす》でついて殻と渋皮とを去った中身である。カチグリのカチは搗《つ》くことであるが、そのカチの音が「勝ち」に通うので、これを勝ち栗と利かせ、戦争や勝負ごとなどに勝つとして縁起を祝うたものである。

串柿を用いるわけ

正月にはまた串柿も用いる。これは柿の実を串にさして干したもので、正月に用いるに都合がよい。カキは、万物を「掻き取る」の義として祝いの一つにしたものといわれている。

蜜柑を飾る理由

正月には蜜柑を飾るが、ミカンは昔のタチバナであって、これには橘の字があててある。タチバナは百果の長で、古い歴史をもった由緒ある良果であるから、これを祝嘉のものとして用いるのである。

かやを用いる理由

榧《かや》はどういう理由で、正月に用いるかはよくわからぬが、この実は十二指腸虫を退治することのできる特効がある。かつ、油を含んだ木の実でもあれば、人体の養いになり、したがって息災延命の幸いも得られるであろうから、嘉品として用うることになったのであろう。

万葉の草木

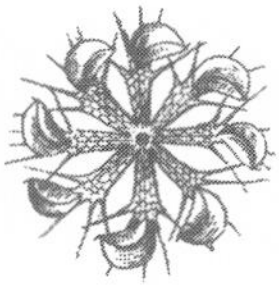

万葉集巻一の草木解釈

アズサ

八隅知之《やすみしし》……御執乃《みとらしの》……梓弓之《あづさのゆみの》……

アズサはわが日本の特産で支那にはない。ゆえに古くからこれに当てている梓の字はこのアズサから取り除かねばならぬのである。つまりアズサは梓ではないのである。アズサを梓とすることはまったく昔から、これまでの学者の思い違いでいわゆる認識不足の致すところである。しからば梓とはどんな樹かというと、これはひとり支那のみに産する落葉喬木で、かのキササゲ（楸）と同属近縁の一種である。白色合弁の唇形花が穂をなして開き、後ちょうどキササゲのような長い莢の実を結ぶのである。私はかつて東京春陽堂で発行になった『本草』という雑誌の創刊号にその図説を出し、そしてトウキササゲの新和名を付けておいたが、しかしまだその生本は日本へ来たことがない。この梓は支那では木王といって百木の長ととうとび、梓より良い木は他にはないととなえている。それゆえ書物を板木に彫るを上梓といい、書物を発行するを梓行と書くのである。

アズサの称呼はすこぶる古いが、しかしそれはまだ今日でも死語とはなっていない。そして地方の方言としてある山中にのこっているのである。この方言を使ってここにアズサの実物が明らかにせられたが、それは故白井光太郎博士の功績に帰せねばなるまい。

昔アズサを弓に製して信州などの山国からこれを朝廷にみつぎした。すなわちこれがいわゆるアズサユミである。今日植物界では一般にこの樹をミズメともヨグソミネバリとも呼んでいる。山中に入ればこれを見ることができるが、これはシラカンバ属の一種で大なる落葉喬木をなしている。試みにその小枝を折りて嗅げば一種の臭気を感ずるからすぐに見分けがつく。その材はいま一例を挙げてみれば、かの安芸の宮島で売っている杓子や盆などもこれで作られる。

葉は枝に互生し長楕状卵形で短柄をそなえ鋸歯があり、多くの支脈が斜めに平行している。わかいときは白い絹毛がある。また稚樹のものは小形で毛があり卵形で、老葉とはややその観を異にし、新枝のものには葉柄のもとに小さい托葉がある。老葉は去年に出た短枝に各二葉ずつ付くこと同属の他種と同様である。果穂は長楕円形で小枝の葉間に出で、多数の三枝鱗片が鱗次し小さい翅果を擁している。

従来小野蘭山を初めとして日本の諸学者は梓をアカメガシワ（タカトウダイ科の落葉樹でまたゴサイバの名がある。またカワラガシワともいう）であると唱え、さらにこのアカメガシワをアズサだとなし、また学者によってはキササゲをアズサとなしているのはその妄断じつに笑うべしであるが、さらに驚くのはかの有名な『大言海』にアズサをキササゲあるいはアカメガシワとなして依然として旧説を掲げ、既にとく明らかになっているアズサの本物にいっこう触れていないことである。

ミクサ

金理乃《あきのぬの》　美草苅葺《みくさかりふき》　屋杼礼里之《やどれりし》　兎道乃宮子能《うぢのみやこの》　借五百磯所念《かりいほしおもほゆ》

ミクサは美草でススキをほめてとなえたものである。人によりてはミクサは秋の百草だといっている。またオバナをそうよむべしと唱えているが、尾花のみでは屋根を葺くに足らぬゆえ、その説は不満足に感ずる。

コマツ

吾勢子波《わがせこは》　借虚作良須《かりまつくらす》　草無者《かやなくば》　小松下乃《こまつがもとの》　草乎苅核《かやをからさね》

コマツは小松であまり太くない小柄な松をいうのである。

ヌハリ

綜麻形乃《へそがたの》　林始乃《はやしのさきの》　狭野榛能《さぬはりの》　衣爾著成《きぬにつくなす》　目爾都久和我勢《めにつくわがせ》

ヌハリは野榛で野に生えているハリ、すなわちハンノキをいったものだ。ハリについては下にくわしく述べてある。

アカネ

茜草指《あかねさす》　武良前野逝《むらさきぬゆき》　標野行《しめぬゆき》　野守者不見哉《ぬもりはみずや》　君之袖布流《きみがそでふる》

アカネはわが邦のどこにも見られるアカネ科の宿根植物で、山野に出ずればすぐ見付かる蔓草である。その茎葉に、逆向せる鈎刺があってよく衣などに引っかかるから、一度覚えるともはや忘れぬ草である。さかんに他の草木の上に繁衍し、茎は四稜で鈎刺はその稜に生じている。長い葉柄をもった卵形あるいは卵状心臓形の葉は四枚ずつ茎に輪生しているが、じつ言うとその中の二枚は元来は托葉で、それが対立している葉と同形となっているので、これがこの類の特徴である。秋になると梢に反覆分枝し、五裂花冠と五雄蕋とを有する淡黄色の小花をたくさんに開いている。花がすんだ後には双頭状をなした小さい黒実ができ、秋が深けるとその苗が枯れる。

根は太い髭状で黄赤色を呈し、これから染料を採りいわゆる茜染めをする。茜で染めたものは黄赤色でちょうど紅絹《もみ》の褪せたような色である。往時はふつうに染めたものだが今代ではきわめて稀にこれを見るにすぎない。私は先年秋田県の花輪町でそれを染めさせたことがあった。

ふつうに茜染めのあった時代に贋の茜染めがあった。それは蘇枋《スオウ》で染めたもので本当の茜染めよりはその色が赤かったのである。

アカネの根から前述のように染料が採れその色が赤いから、「あかねさす」という枕言葉も生じたわけで、それは赤いことを意味する。

茜草はアカネの草の漢名で字音はセンソウであってセイソウではない。支那の古い書物の『説文』には、この草は人の血が化したものだといっているのは面白い。同国でもこの草の根を用いて縫色を染める。

和名のアカネは赤根の意味で、前に言ったようにその根が赤いからである。支那ではこれを茜根と書いている。アカネは国によりアカネカズラともベニカズラとも呼ばれる。

ムラサキ

紫草《むらさき》能《の》　爾《に》保《ほ》敝《へ》類《る》妹《いも》乎《を》　爾《に》苦《く》久《く》有《あら》者《ば》　人嬬《ひとづま》故《ゆゑ》爾《に》　吾《われ》恋《こひ》目《め》八《や》方《も》

ムラサキは漢名の紫草でムラサキ科の宿根草である。山地向陽の草間に生じて一株に一条ないし三条ばかりの茎が出て直立し、斜めに縦脈のある狭長葉を互生し、茎とともに手ざわりあらき毛を生ずる。七、八月の候、茎梢分枝し枝上の苞葉腋ごとに五裂花冠の小白花を下から順次に開き、開謝相次ぎ久しきにわたって終わる。枝末の嫩き部は多少外方に巻曲して、ムラサキ科植物の常套特徴をあらわしている。ムラサキの名にふさわしい美花を開くと思いきや、それはまったく意外でまことに平凡な小花を出すにすぎない。しかし万緑叢中に点々としてその純白花の咲いている風情はまた多少捨て難いところがないでもなく、これがムラサキの花だと思うとなんとなく貴く感じ、思わずこれを見つむる心にもなる。花がすむと堅き粒状の小実を宿存萼の中心に結び、平滑でついに真珠色を呈するにいたるが、採ってこれを蒔けばよく生える。

この草の根が紫根で、いわゆる紫根染めの原料である。その根は地中に直下する痩せた牛蒡根で、単一あるいは分岐し、生時はその根皮が暗紅紫色を呈している。昔は江戸紫などととなえ一般に紫はその紫根で染めたものだが、今日では美麗な新染料に圧倒せられてこのユカリの色の紫を紫根で染めることはじつに稀になってしまった。それでも染める紺屋がたまにはないでもないので、私は以前これを秋田県の花輪町で染めさせたことがあった。それを娘の衣服に仕立ててみたが、現代の紫に比ぶればその色が冴えないので、よほど目の利いたクロウトに出会わない限り、着損をするようだ。しかしなかなか奥ゆかしい色であることは請け合うておく。

「紫の一もとゆゑに武蔵野の草はみながらあはれとぞ見る」とあって、このムラサキは武蔵野の景物の大立物ではあるが、星移り物変わった今日では武蔵野にはめったにこれが見つからない。絶対にないではないが、昔のようにそこここに見つからない。

ソ

打麻乎《うつそを》　麻績王《をみのおほきみ》　白水郎有哉《あまなれや》　射等籠荷四間乃《いらごがしまの》　玉藻苅麻須《たまもかります》

ソはオと同じでアサの皮の繊維をいうのである。そしてその青色を帯びるものをアオソと称する。オはアサの草の名としても用いられ、またその皮の繊維の名としても用いられる。畢竟繊維に用いられるときはソの一名となるわけである。

アサは漢名は大麻と称する。上古より古くわが邦に作られている重要植物の一つで、クワ科に属する一年草である。春どき畑に下種して作る。茎は高く成長し、鈍四稜で緑色を呈し梢に分枝する。葉は葉柄があって茎に対生すれども、梢にあっては互生する。掌状全裂葉で五ないし十一裂片相並び、狭長で尖鋸歯がある。茎葉より一種不快の臭いを放つゆえに、その畑に近づくと嫌なにおいに襲われる。雄本（オアサという）雌本（メアサあるいはミアサという）があって、共に梢に花が咲く。花は小形でなんらその色の美はない。雄本は梢の枝上に花穂をなし、黄緑色五萼片の小花は下に向いて開き、五雄蕊が下がって黄色の花粉を風の吹くままに飛散する。いわゆる風媒花である。雌本には小なる雌花が枝上の葉間に位して一子房を有し、花後に実ができる。いわゆるオノミである。

秋になればアサを刈り皮を剝ぎその繊維を採る。これすなわちソあるいはオである。その皮を剝ぎ去った白い裸の茎をアサガラあるいはオガラといい、朝鮮ではこれを麻骨と称すと書物にある。

タマモ

打麻乎《うつそを》　麻績王《をみのおほきみ》　白水郎有哉《あまなれや》　射等籠荷四間乃《いらごがしまの》　珠藻苅麻須《たまもかります》
空蟬之《うつせみの》　命乎惜美《いのちををしみ》　浪爾所湿《なみにひで》　伊良虞能島之《いらごのしまの》　玉藻苅食《たまもかりはむ》
玉藻苅《たまもかる》　奥敝波不榜《おきへはこがじ》　敷妙之《しきたへの》　枕之辺《まくらのほとり》　忘可禰津藻《わすれかねつも》

タマモは玉藻あるいは珠藻で、ここは海藻を指し、玉もしくは珠は藻の美称としてつけたものである。橘千蔭は「玉藻は藻の子は白く玉の如くなれば言へり」と言っているが、そうなると、玉のある海藻はまず差しあたりかの玉のような浮嚢を有するホダワラ（ホンダワラ）の一属諸種を指して言ったものと見ねばならぬ。しかしホダワラ一類はあえて人の食用とするものでないから、ここの玉と珠とは前述のとおり藻を美称するに付けたものだとする方が穏当である。

ツガ

玉手次《たまたすき》　畝火之山乃《うねびのやまの》　樛木乃《つがのきの》　弥継嗣爾《いやつぎつぎに》

ツガはまたトガともいい、俗に栂の字が使ってあるが、また古くは樛木とも書いてある。しかしこれらはもとよりツガの漢名ではない。

マツ科の常緑喬木で巨幹を有し高聳する。わが邦中部以西の山中に生じ、小枝繁く葉は小さき線形で長短不同の葉が二列をなして小枝上に排列している。枝端に生ずる毬果は長楕円形で下向し、重なった鱗片がこれを擁しその鱗内に種子がある。材は建築用または器具用などにする。ツガの姉妹品にコメツガがあって同じく大木となる。葉はツガより小さく毬果は少し円い。わが邦中部以北の山地に生じているが、このコメツガはけだし古歌とはあまり関係がないものであろう。

ハママツ

白波乃《しらなみの》　浜松之枝乃《はままつがえの》　手向草《たむけぐさ》　幾世左右二資《いくよまでにか》　年乃経去良武《としのへぬらむ》

ハママツは浜松で浜に生えている松である。そしてその種類はクロマツでなければならぬ。

マキ

八隅知之《やすみしし》　吾大王《わがおほきみ》……　真木立《まきたつ》　荒山道乎《あらやまみちを》　石根《いはがね》……

マキはまたマケともいわれる。マキは真木であるが、これに両説があって一つはスギとし一つはヒノキとする。貝原益軒はスギは古名がマキでマキノトというのは杉戸のことであるといっている。またヒノキは諸木の上乗なものであるから、これを賞讃して真木というのだとの説もある。

しかし歌はいずれの木へでも通ずる。

右は古名のマキであるが、今名のマキというのはまったく別の木であるから、これを混合してはならない。すなわち今日いうマキはクサマキを略したもので、これは一つにイヌマキとも称する。山中に自生し葉は狭長で三、四寸の長さがある。この一種にラカンマキというものがあって、よく海に近い地の人家の生籬としまた寺院などの庭樹になっている。この品は支那にも日本の南部にも野生がある。すなわち漢名の羅漢松である。従来この羅漢松をイヌマキの漢名だとしてあったが、それは誤りでこれはラカンマキの支那名である。この樹の葉はイヌマキのそれよりは小形で、もっと枝に密生している。

マクサ

真草苅《まくさかる》　荒野二者雖有《あらぬにはあれど》　黄葉《もみぢばの》　過去君之《すぎにしきみが》　形見跡曽来師《かたみとぞこし》

マクサは真草でススキの美称であるが、しかし実際はこれを刈るときたとえススキが主体になっていても、それにまじわりていろいろの草もいっしょに刈り込まれるのであろう。

ヒ

八隅知之《やすみしし》　吾大王《わがおほきみ》……　田上山之《たなかみやまの》　真木佐苦《まきさく》　檜乃嬬手乎《ひのつまでを》……

ヒはヒノキで従来から通常檜の字が当ててあるが、これは当たっていなく、檜はイブキビャクシン（略してイブキという）の漢名である。そしてヒノキには扁柏の漢名が慣用せられていれど、これもまた適中していないと思う。ヒノキは支那にない樹だからしたがって支那名があるはずがない。

ヒノキは火の木の義で、この材を他の木とすり合わすと自然に発火するのでこの名がある。日本の古代人はたぶんこのヒノキで火を出したであろう。

伊勢の大神宮では今日でもヤマビワの木で鋸のようにヒノキをもんで発火させ、これを御神火として神前へ供する儀式がある。

ヒノキは山中に生ずる常緑の喬木で、多く枝を分かち葉は小形で小枝の両側に連着し、緑色で下面に少しく白色を有することがある。春どき枝上に長楕円形黄褐色の細花穂を群着し多量の黄色花粉を散出する。毬果は球形で直径三分ばかり、これまた枝上に群生し秋になって熟すれば褐色となり、堅い数鱗片を開いて褐色種子を散ずる。材は良好で建築に賞用せられ、質密で色白く木の香りが高い。

ツラツラツバキ

巨勢山乃《こせやまの》　列列椿《つらつらつばき》　都良都良爾《つらつらに》　見乍思奈《みつつしぬばな》　許湍乃春野乎《こせのはるぬを》

ツバキの木がたくさん連なり続いて茂り、花も咲き満ちているのをいったものである。

ハリ

引馬野爾《ひくまぬに》　仁保布榛原《にほふはりはら》　入乱《いりみだれ》　衣爾保波勢《ころもにほはせ》　多鼻能知師爾《たびのしるしに》

ハリはハリノキで今日ではふつうにハンノキと呼んでいる。従来これに赤楊の漢名が当ててあれどこれは誤りであると思う。また日本で榛の字を用いていれどこれは漢名ではなくまったく俗字である。そして榛の字音はシンで元来はハシバミの漢名である。ゆえに漢名としてこの字を正当に用いるとしたら、榛はハリすなわちハンノキとはなんの交渉も持っていない。またなお俗字として榿だの榵だのの字が使われている。

ハリすなわちハンノキはカバノキ科の落葉樹で、山間の湿りたる地を好んで生じ所々に林をなしている。東京付近ではよくこれを田の畦に植え、秋になって刈り稲を掛けるに便している。材は種々の用途がある。葉は葉柄を有して枝上に互生し、広披針形で尖り鋸歯がある。早春新葉に先だちて枝梢に雌雄花を着ける。雄花はいわゆる葇荑《じゅうてい》花穂をなし、褐緑色で下垂し、細花集まり付き黄色花粉を糝出する。雌花穂は小形で分枝せる硬端に付き暗赤色を呈している。それが後に楕円形、あるいは円形の果穂となり、秋になると多くの堅い鱗片が開いて中の種子が散落する。この熟した果穂を採り集め、茶色を染める染料に使用する。

ハリは人によりハギすなわち萩（この場合これは和字である。支那の萩と字面は同じだけれどまったく別である）であるという説がある。これも一説であながち排斥すべきものではないと思う。数首の歌の中にはかえってハギである方がよいようにも思われる。昔はハギの花も衣に摺りてその花色を移したこともあったであろう。またあり得べきことだとも考えられる。とにかく万葉研究者には研究の余地を残した好問題であるといえる。

アシ

葦那行《あしへゆく》　鴨之羽我比爾《とものはがひに》　霜零而《しもふりて》　寒暮者《さむきゆふべに》　倭之所念《やまとしおもほゆ》

アシは又ヨシともいわれるが、これはアシを悪しいとて、縁起を祝いヨシすなわち善しとしたもので、本来の名はまさしくアシである。ゆえに豊葦原はトヨアシハラといってトヨヨシハラとはいわない。しかるに今日ではアシの茂っている所をヨシハラと呼んでアシハラといわぬのは、トヨアシハラとまったく反対になっていて面白い。

アシは漢名を蘆と書く。また葦と書いてもよろしく、また葭と書いても差支えはない。この三つはいずれもアシのことではあるが、しかし支那の説では初生の芽出しが葭で、それがもっと生長した場合が蘆で、そして充分成長したものが葦であり、葦は偉大の意味だと書いてある。

アシはわが邦諸州の沼沢諸地ならびに河辺の地に生じて大群をなし、いわゆるヨシハラをなしている。その茎すなわち稈はヨシ簾《ズ》にするのでだれもがよく知っている。支那では蘆筍といってその嫩芽を食用にし市場にも売っているが、日本のものは支那のものより瘠せているからだれもその筍を採って食う人がない。しかし私はかつてこれを試みに煮食してみたが硬い部分が多くてあまりうまくはなかった。

アシは禾本科の一種である。その地下茎はさかんに泥土中を縦横に走り、それから茎すなわち稈が出て生長するから、これあるところはたちまちに叢をなして繁茂する。稈には節があり、葉は緑色狭長で長く尖り、その葉鞘をもって稈に互生し、秋にいたり梢頂に褐紫色の花穂を出し、多数の穎花からなりふさふさとして風来ればなびいている。老ゆれば白毛が出ていわゆる蘆花をなし、枯残せる冬天の蘆葦は帰雁に伴うて大いに詩情をそそるものである。

その葉一方より風来たれば葉々風を受けてかなたに偏向し、葉鞘ねじれて葉片はそのまま依然としている。このごとき場合がいわゆる片葉《カタハ》ノ蘆《ヨシ》にて別になんの不思議もなければ無論別種のものでもない。一方から風の吹き来るところではどこでも随時この片葉の蘆が出現する。

またアシの葉には他の禾本類の葉と同じく先の方に少しの括《くび》れがある。往々書物に書いてあるようにその葉を十二カ月に分割し、その括れに当たる月にはその年に大水があると占ってあるが、これはまったくいわれのない迷信である。元来禾本類の葉にこの括れのあるのはその葉のきわめてわかくてまだ閉じ込められている時分に、その茎の節の上になっておったところにそれができるのである。

古歌ではアシをヒムログサ、タマエグサ、ナイハグサ、サザレグサ、ハマオギというとある。ハマオギはかの「浪速のあしは伊勢の浜をぎ」と詠まれたもので、これは今日でもなお伊勢の三津という所に昔のままに残っている。行ってこれを見るとまったくアシであって、あえて別のものではない。

マツ

霰打《あられうつ》　安《あ》良《ら》礼《れ》松原《まつはら》　住吉之《すみのえの》　弟《おと》日《ひ》娘《おとめ》与《と》　見《み》礼《れ》常《ど》不飽《あかぬ》香《か》聞《も》
大伴乃《おほともの》　高《たか》師《し》能《の》浜《はま》乃《の》　松《まつ》之《が》根《ね》乎《を》　枕宿杼《まきてぬるよは》　家《いへ》之《し》所偲《しぬば》由《ゆ》

マツすなわち松はアカマツ（メマツ）でもクロマツ（オマツ）でもよろしく、歌によってアカマツの場合もあればまたクロマツの場合もある。この二種は二本松樹の二大代表者で、じつにわが邦山野の景色はこの二樹が負って立っていると唱道しても決して過言ではあるまい。総体アカマツは山地に多くクロマツは海辺に多い。かの諸州の浜に連なる松樹はみなこのクロマツである。

アカマツの幹は樹皮に赤味を帯びているからそういい、クロマツは幹の色に黒味があるからそういわれる。そして両方とも幹は勇健で直立分枝し、下の方はいちじるしい亀甲状の厚い樹皮でおおうている。葉は針状常緑であるが、アカマツの方は柔らかくクロマツの方は剛い。両方ともその針状葉が二本並んで釵状をなしているが、これはその一本が独立の一葉で、それがきわめて細微な小枝へ二本並んで出ているのである。ゆえに松の枝にはじつにたくさんな小枝が付いているわけだ。葉のもとには膜質褐色の袴がある。松に枝の出るときは右の両針葉の中間から萌出する。もし五葉ノ松であったらその五本の針状葉の中心から枝が出てくる。そしてそれが漸次に生長してついに新枝となるのである。

クロマツ、アカマツともにそれに花が咲くときは、そのいわゆるミドリのもとの方に小鱗片ある長楕円形の黄花が群着し、多量の花粉を吐出し風に吹かれて散漫し、あるものはミドリの頂にある雌花毬に付着するが、しかしその大部分は地面に降り落ち、あたかも硫黄の粉を播き散らされたように見える。

ミドリの頂にある暗紅紫色の雌花が後にだんだんその大さを増して緑色を呈し、次年の秋にまったく熟して硬い鱗片を開き中の種子を散出せしめる。いわゆる松毬すなわちマツカサで、クロマツのものはアカマツのものより少々大きい。種子には翅があって風に吹かれてその地この地に飛び散り、その落ちた所に仔苗を生ずるが、その苗には緑色糸状の輪生子葉を有している。

古歌では松にイロナグサ、オキナグサ、ハツヨグサ、トキワグサ、チエダグサ、チヨギ、ソチヨグサ、スズクレグサ、タムケグサ、メサマシグサ、コトヒキグサ、ユウカゲグサ、ミヤコグサ、クモリグサ、ヒキマグサ、モモクサなどたくさんな名がある。歌では、木でもこれを草と呼んでいる。

《追記》前文に梓の生木はまだ日本へ来たことがないと書いたが、その後この樹が多少は既に来ていることを知った。ゆえにそのある所を訪えばその生木が見られる。

（『植物記』より）

万葉集スガノミの新考

『万葉集』の巻の七に

真鳥住《まとりす》む卯名手《うなて》の神社《もり》の菅《すが》のみ（本文は根《ね》とある）を衣《きぬ》に書《か》き付け服《を》せむ児《こ》（女《おんな》）もがも、

という歌がある。

古くより今日にいたるまでいずれの万葉学者もみなこの菅の実をヤマスゲであると解し、そのヤマスゲはすなわち漢名麦門冬のヤマスゲを指したものである。すなわちこの麦門冬をヤマスゲと称することは古く深江輔仁の『本草和名』ならびに僧昌住の『新撰字鏡』にそう出ており、また源順の『倭名類聚鈔』にも同じくそうある。かくこの麦門冬をヤマスゲといったのはきわめて古い昔の名であるが、しかしこの名はとっくにすたれて今はこれをジャノヒゲあるいはリュウノヒゲあるいはジョウガヒゲあるいはジイノヒゲあるいはタツノヒゲなどと呼んでいる。

右の、真鳥住《まとりす》む卯名手《うなて》の神社《もり》のすがのみを衣《きぬ》に書《か》き付《つ》けきせむこもがも、なるこの歌の意は、菅という一種の植物が卯名手（奈良県大和の国高市郡金橋村雲梯《かなばしむらうなで》）の神社の杜に生えていて、その熟した実を採って衣布に書き付け、すなわちすり付けて色を付け、その染めた衣を着せてやる女があればよい、どうかどこかにあって欲しいものだというのであるから、そのスガの実はどうしても染料になるものでなければならないことはだれが考えてもすぐ分かることであろう。古名ヤマスゲ今名リュウノヒゲの実がもし染料になるものならば、まずはそれでもその意味が通ぜんことはないとしても、実際この麦門冬の実（じつは裸出せる種子である）は絶対に染料にはならぬものだ。ゆえに昔よりそれでものを染めたためしがない。それはそのはずである、麦門冬すなわちリュウノヒゲの実はだれもがあまねく知っているように美麗な藍色に熟してはいるが、いくらこれを衣布にすり付け（すなわち書き付け）たとていっこうに衣布は染まらないからである。すなわちこの実の藍色なのは単にその実の表皮だけであって、その表皮はきわめて菲薄な膜質でなんの色汁も含んでいない。そしてその表皮の下には薄い白肉層があって、中心に円い一種子状胚乳を包んでいるにすぎない。ゆえにいずれの書物を見てもこの麦門冬の実を染料に利用することは当然いっこうに書いてないが、しかしそれを染料に使うのだと強いて机上で空想するのは独り万葉学者のみである。畢竟それは同学者が充分に植物に通じないから起こる病弊であると言える。

しからばすなわちその真鳥《まとりす》住む卯名手《うなて》の神社《もり》の云々の歌にあるスガとは、いったい何を指しているのかと言うと、それはスイカズラ科（忍冬科）のガマズミのことであって、すなわちスガノミとはそのガマズミの実である。これは従来だれひとりとして気の付かなかったものである。

このガマズミは浅山または丘岡またあるいは原野にも生じている落葉灌木で、わが邦の諸州にふつうに見られ、神社の杜などにはよくそれが生じている。同属中の別の種類、例えばミヤマガマズミなどは奥山にも産すれど、ガマズミはひっきょう里近い樹で絶えて深山にはこれを見ない。緑葉が枝に対生し五、六月の候枝梢に傘房状をなして多数の五雄蕋小白花を集め開き、その時分に山野へ行くとそこここでこれに出会いその攢簇《さんそう》せる白花がよく眼につく。秋になるとアズキ大の実が枝端に相集まり、これが赤色に熟してすこぶる美しく、実の中に赤い汁を含んでいてその味が酸く、よく田舎の子供が採って食している。ところによりてはこれを漬物桶へ入れて漬物と一緒に圧し、その漬物に赤い色を付与するに用いらるる。このようにその実に赤汁があって赤色に染まるので、そこで昔これを着色の料として衣布へすり付けそれを染めたものと見える。すなわちかく解釈すると、ためにその歌が初めて生きてきてその歌句がよく実況と合致し、なんらその間に疑いをはさむ余地はないこととなる。

ところがその間いささか遺憾なことには、今私の知っている限りにおいてガマズミにスガなる方言は見つからないが、しかしガマズミにズミの名がある。万葉のスガはけだしこのズミと同系であろうと思う。そしてどちらかが転訛しているではないかと考えらえる。右のズミは元来スミが本当で、それが音便によってズミとなったのである。このスミはソミすなわち染ミでものを染めるから来た名である。それはちょうどイバラ科のズミととなうる樹と同じ名で、このズミの樹はその樹皮を染料に使うものである。すなわちズミの名はこれに基づきて生じ、そしてその正しい名はその染ミから来たスミであってそれがズミに変じたものである。右の歌のスガがガマズミの方言として今日もしも消えやらずに大和高市郡の雲梯《うなで》（卯名手《うなて》）辺に残っていることがあったとしたら、それはまことに興味深き事実を提供することになる。私は折があったら同地方へ行ってこれを調査してみたいと思っている。

これまでガマズミの実が衣布の染料になると言った人も、また書いた人もいっこうになかったが、しかしいみじくも万葉の歌が、それが染め料になるべき事実を明らかにおしえ証拠立てていることはまったくその歌の貴いところであるというべきだ。すなわちこの歌ならびに次の歌があったため、われらは初めて昔時ガマズミの実を染料にしたという事実を幸いに掌握することができたのである。

上のガマズミにはズミのほか、ヨソゾメ、ヨツドメ、ヨツズミ、イヨゾメなどの一名がある。ガマズミのスミ、ヨツズミのスミ、ヨソゾメのソメ、イヨゾメのソメはズミのスミと同じくともにみな染めるの意である。そしてヨツドメはヨソゾメを訛ったものである。しかしガマ、ヨツ、ヨソ、イヨという形容詞はなにを意味しているのか今私には解せないのを遺憾とし、博識な君子の教えを乞いたいと希望しているゆえんである。

上の歌ではスガノミのスガに菅の字が当て用いてある。この菅の字は通常スゲ（Carex）の場合に用いスゲともスガともよませてある。しかしこの歌の菅《すが》のみの菅はたとえ字面は同じでも、決してスゲ（Carex）の場合のスゲではない。菅をスゲのほかスガとよますもんですから、それでガマズミの場合のスガに菅の字を借り用いたものにすぎないであろう。

真鳥住《まとりす》む云々の歌を上のように解釈してこそそこで初めて次の歌が生きてくる。すなわちそれは『万葉集』七の巻に載っているものである。

妹《いも》が為《た》め菅《すが》の実《み》採《と》りに行《ゆ》きし吾《あ》れ山路《やまぢ》に惑《ま》どひ此《こ》の日暮《ひくら》しつ

これまでの万葉学者はいずれもこの歌の菅の実をも古名ヤマスゲの麦門冬であると解している。すなわちこの麦門冬の実は子女がもてあそぶものゆえ、それでそれを採りに行ったとしている。しかるにここは決してそうではない。このスガノミはこれもやはり前の歌のようにそれはガマズミの実である。すなわちこの歌の意は、衣を染めん料にとしてそれをわが妻に与えんがため山へガマズミの実を採りに行き、そのものを捜しつつ山中をそちこちと彷徨《さまよ》うて歩き回り、ついにその日一日を山で暮してしまったというのである。これはつまりその実をなるべく多量に採り集めんがためであったのであろう。

ここに妹と言うのはなにも麦門冬の実をお手玉にして遊ぶほどの幼女ではあるまい。人の妻にでもなろうというほどな年輩の女には、もはやこんな幼稚きわまる遊びにはまったく興味はない。ゆえにこれを万葉学者がお定まりのようにいっている麦門冬なるヤマスゲ、すなわち今名リュウノヒゲとするのはまったく誤りである。しかしこれを手玉にするのではなくその藍色の実を染料にする目的と仮定しても、それは前にも述べたように全然不可能なことに属する。すなわち強いてこれを紙にすり付ければ、単にそのこわれた外皮のカケラが暫時不規則に紙に貼り付くのみである。

これに反してかのガマズミの実なれば確かに染料になるので、そこでそれを女に贈ればために色ある美衣を製し得ることになるから、女の喜びはまた格別なものであろう。すなわち山を終日駆け回ってその実を集めるだけの値打ちは充分にある。女はかく色彩のある衣《きぬ》を熱愛するがゆえに、したがってそれを染める（書き付ける、すなわちすり付ける）料になる実を女に贈り与えるのはそこに大いに意義がある。すなわちこのように解釈してこそこの歌、すなわち、妹《いも》が為《た》め菅《すが》の実《み》採《と》りに行《ゆ》きし吾《あ》れ山路《やまぢ》に惑《まど》ひ此《こ》の日暮《ひくら》しつ、の歌が初めて生動するのである。万葉学者がいっこうにそこに気が付かず、また誤った麦門冬をここへ持ち出してくるから、この歌の解釈がうまく行かず、かつ少しも実際と合致することがないのである。

以上述べた理由よりして、私は右二つの歌の菅の実、すなわちスガノミは、これはまったくガマズミの実を指すものだと断言する。すなわちこの事実はけだしこれまで数多き万葉学者のだれもが説破していない新説であろうと私は私自身を信ずるのである。

ついでに古名ヤマスゲ（山菅）の麦門冬について、世人とあわせて万葉学者の注意を喚起したいことは、麦門冬には決して大小に二種あるものではないという事実である。世人はみな小野蘭山の『本草綱目啓蒙』の仮説に誤られて麦門冬に二種ありとし、すなわち一つを小葉麦門冬としてこれにリュウノヒゲ一名ジャノヒゲを配し、一つを大葉麦門冬としてこれに古名ヤマスゲ一名ヤブラン一名ムギメシバナ一名コウガイソウを配しているがこれはまったく誤りで、小葉麦門冬とか大葉麦門冬とかそんな漢名はいっさいこれなく、それは蘭山が勝手にこしらえた字面である。元来その漢名麦門冬の中には決してヤブランはあずかっていなく、これは麦門冬埒外の品である。したがって麦門冬はリュウノヒゲ一名ジャノヒゲ、古名ヤマスゲの専用名である。蘭山はこの古名のヤマスゲをヤブランの古名のように書いておれどもそれもまったく誤りで、これは疑いもなくリュウノヒゲの古名である。

元来『万葉集』にはおそらく麦門冬のヤマスゲ（山菅）は関係のない植物であって、集中の歌に山菅（ヤマスゲ）とあるのは、多くは本当のスゲ属すなわちCarexのあるものを指しているのではないかと思う。ヤブランにいたっては全然万葉歌のいずれにも無関係で、この品は断然同集より追いのけらるべきものである。

『万葉集』の三の巻に

奥山《おくやま》の菅《すが》の葉凌《はし》ぬぎふる雪《ゆき》の消《け》なば惜《を》しけむ雨《あめ》なふりそね

という歌がある。万葉学者はこの歌の菅を山菅としそれが麦門冬であるとしていれど、それはまことに不徹底な想像説たることを免れ得ない。なんとならば元来麦門冬は決して奥山には生えていないからである。ゆえに古名ヤマスゲのリュウノヒゲでも、またあるいはヤブランでもこれを奥山で得ることはまったくできない。右の二つの植物は里近のごく低い岡かその麓の地かあるいは平地かに生えているにすぎない。ゆえにこの歌の菅は Carex 属のある種類であるカンスゲか何かを指したものであろう。カンスゲなら奥山にも生じているいちじるしいスゲで、これはその名の示すがごとく雪の降る寒中でも青々と繁茂している常磐の品である。こんな奥山のスゲを想像してこそこの歌に妙味がある。

また『万葉集』の十一の巻に

烏玉《ぬばたま》の黒髪山《くろかみやま》の山草《やますげ》に小雨《こさめ》ふりしき益益《しくしく》思《おも》ほゆ

という歌があるが、この中にある山草《やますげ》はすなわち山菅《やますげ》であろうといわれているが、このヤマスゲも万葉学者は麦門冬のヤマスゲと思っているでしょう。しかしその黒髪山はどこの黒髪山かあまりはっきりせぬようだ。しかし今日の万葉学者はその山は奈良の北方にある佐保山の一部だといっているが、それはかなり高い山でがなあろう。もしそうであるとすると、こんな山の中には麦門冬は生えていないだろうから、ここはやはりふつうに山中どこにもある Carex 属のスゲと見た方がずっと実際に即している。いつも麦門冬の古名ヤマスゲの称呼に拘泥して、ヤマスゲとあればこの麦門冬のヤマスゲ以外にはヤマスゲの言葉はいっさいないと考えるのは、融通性のない固陋な見解であると私は信ずる。前述のとおり麦門冬の生育地は低い岡や山足の地、あるいは平地の樹下の場所に限られていて、少し高い山地から奥山、深山には生じていないが、Carex 属のスゲ類なればたくさんいろいろの種類があって岡にでも浅い山にでも、また高い山でも、また奥深き深山でもきわめて広範囲にわたって、どこでもいたるところに生い茂っていて趣のあるものであるから、昔の歌よみが常識的にもこれを見逃すはずはなく、きっとこれをも歌に採り入れているに相違ないと私は思う。また俗間で歌よむ人々はなにもいちいち植物学者ではないから、ときにある禾本類がたくさんに山中で繁茂しているところを遠望して、これを山スゲなどと既にある成語を使った例はおそらくいくつもありはせぬかと想像する。

また『万葉集』四の巻の

山菅《やますげ》の実《み》ならぬことを吾《あ》れによせいはれし君《きみ》はたれとかぬらむ

の歌にある山菅も、万葉学者は麦門冬のこととなしていれども、これもCarexのスゲでよいと思う。スゲは植物学的にはむろん実が生るけれど緑色で不顕著で、ふつうの人々には山吹の実と同じように気が付かず、スゲには実がないくらいに思っているものであるから、スゲは実がないからと解釈すればその辺すこぶる簡単明瞭である。麦門冬は実の数は少ないけれどすこぶる顕著な実が生り、子供らでもよく知っていて女の児はお手玉にして遊ぶのである。ゆえにこの実にはハズミダマだのオフクダマだのオドリコだのオンドノミだのジュウダマ（リュウダマの転訛だろう）だの、またはインキョノメダマだのの名がある。またこれをヤブランとすればこれはまた大いに実（黒色）の生るもので、決して実ならぬごときのさわぎではない。

また同書二十の巻に

高山《たかやま》のいはほにおふるすがの根《ね》のねもころごろにふりおく白雪《しらゆき》

という歌があるが、この歌の菅の根もCarexのスゲの根すなわち地下茎である。もしこれを例の麦門冬としたらまったく実地とは合致しない。なんとならば麦門冬は決して高い山には生えていないからである。しかしスゲ類なれば高い山の岩上でもまた岩かげでもどこにでもある。また同巻にある

さくはなはうつろふときありあしびきのやますがのねしながくはありけり

の歌の中のヤマスゲ（山菅）もCarexの中のなにかのスゲである。スゲなればずいぶん長い根（地下茎を指す）を引いているものが多い。『万葉集古義』の「品物図」にあるようにこれを麦門冬とするのは不都合千万である。またヤブランとするも決して当てはまらない。なんとならば、これらには長い根（地下茎）はないから歌の言葉とはいっこうに合致しないからである。これらの歌でみても、万葉歌にある山菅をいちがいに麦門冬いってんばりで押し通そうとするとそこここに矛盾があって解釈に無理を生ずることを、万葉歌評釈者はよろしく留意すべきである。

以上述べ来たったことについては、たぶん万葉学者からは貴様のような門外漢が無謀にもわが万葉壇へ喙《くちばし》を容るるとはケシカランことだとお叱りをこうむるのを覚悟のうえで、かくは物しつ。

（『植物記』より）

万葉集の山ヂサ新考

『万葉集』巻七に左の歌がある。

気緒《いきのを》爾《に》念《おも》有《へる》吾《われ》乎《を》山《やま》治《ぢ》左《さ》能《の》花《はな》爾《に》香《か》君《きみ》之《が》　移《うつろひ》　奴《ぬ》良《ら》武《む》

また、同じ巻十一には次の歌がある。

山《やま》萵《ぢ》苣《さの》白露《しらつゆ》　重《おもみ》　浦経《うらぶるゝ》　心《こころを》　深《ふかみ》　吾恋《わがこひ》不止《やまず》

右二種の歌にある山治左ならびに山萵苣、すなわちヤマヂサという植物につき、まず仙覚律師の『万葉集註釈』すなわちいわゆる『仙覚抄』の解釈を見ると

山チサトハ木也田舎人ツサキトイフコレ也

とある。このツサキはヅサノキか、あるいはチサノキかならんと思う。もしそれがヅサノキであればこれはエゴノキ科のチサノキ（すなわちエゴノキ）を指し、もしそれがチサノキなれば同じくエゴノキのチサノキかあるいはムラサキ科のチサノキかを指しているならん。しかしクスノキ科のアブラチャンにもヅサならびにヂシャの名があるから、考えようによってはこの植物ではなかろうかとも想像のできんことはない。

釈契冲の『万葉代匠記』には

山チサは今もちさのきと云物なり和名集〔牧野いう、集は抄〕云本草云、売子木和名賀波知佐乃木此も此木の事にや

と解し、また

山萵苣は木なるを此処に置は萵苣の名に依てか、例せば和名集〔牧野いう、集は抄〕に蕣を蓮類に入れたるが如し

とも述べている。

橘千蔭の『万葉集略解』には

山ちさといふは木にてその葉彼ちさに似たれば山ちさといふならむ、此木花は梨の如くて秋咲りとぞ豊後の人の言へる是なり、又和名抄本草云、売子木賀波知佐乃木字鏡、売子木河知左と有りこれも相似たるものなるべし

と解釈している。

『万葉集目安補正』には

山治左《ヂサ》　売子《バイシ》木といへど花の色違へり齊墩《セイトン》と云物当れりといへり

と記してある。この時代では齊墩をチサノキすなわちエゴノキであると信じていたから、この書の齊墩はエゴノキを指したものである。

また売子木を『倭名類聚鈔』すなわちいわゆる『和名抄』に和名賀波知佐乃木（カハヂサノキ）とあるので、それを山ヂサではないかと契沖も千蔭も書いていれど、これは無論同物ではない。上に引ける『万葉集目安補正』では売子木は山ヂサとは花色が違っていると書いて、山ヂサは売子木ではないとしているのは正しいのである。元来売子木とはアカネ科に属するサンダンカ（学名 Ixora chinensis *Lam.*）のことで一名山丹とも称し、サンダンカはこの山丹に基づきそれに花を加えてそう呼んだものである。赤色の美花を攢簇して開く（ゆえに紅繡毬あるいは珊瑚毬の名もある）熱国の常緑灌木で、わが内地にはもとより産しない。この売子木を『新撰字鏡』で河知左（カハチサ）とし、『和名抄』で賀波知佐乃木（カハヂサノキ）としたのは、無論サンダンカをいったものではなく、何か別の邦産植物をあててかく称えたものだろうが、それが果して何を指したものかその的物は今日いっこうに捕捉ができない。また現代ではカワヂサもしくはカワヂサノキととなえるなんの木をも見出し得ない。

次に鹿持雅澄の『万葉集古義』には

山治左《ヤマヂサ》は契沖、常も（牧野いう、活版本にかくあるが、これは、今も、なり）ちさの木と云ものなり、十一にも山ぢさの白露おもみとよみ、十八長歌にもちさの花さけるさかりになどよめり、和名抄に本草に云、売子木、和名賀波知佐乃木とあるものたゞ知佐《チサ》の木のことにやと云り、なほ品物解に委く云り

と記しまた、なお

山萵苣は契冲、常に〔牧野いう、ここも、今も、でなければならない〕ちさのきといひならへるもの是なりといへり

とも記している。そして前記の「品物解」すなわち『万葉集品物解』には山治左と山萵苣とを

未だ詳ならず仙覚抄に云山ちさとは木也田舎人は、つさの木といふこれなりといへり、いかゞあらむ、但し此は松《マツ》に山松《ヤママツ》、桜《サクラ》に山桜《ヤマザクラ》などいふ如く山に生たるつねの知左〔牧野いう、知佐の解に拠ればムラサキ科のチサノキを指している、しかし品物図のチサの図は曖昧しごくである〕を云か又一種かく云があるか云々

と述べていて雅澄の山ヂサに対する知識の程度は「未だ詳ならず」であった。

さて上に列記した万葉諸学者の文句でみると、大体万葉歌の山ヂサはチサノキという樹木の名であると解している。しかしチサノキすなわちチシャノキには三種あって、単にチサノキでは、じつはその中のどれを指しているのか、そこにその樹の解説がない限りは、果してそれがどれであるのか明瞭ではないということになる。

右のチサノキの三種というのは、一はエゴノキ科のチサノキ（一名チシャノキ、ヅサ、ヂサ、コヤスノキ、ロクロギ、チョウメン、サボン、学名は Styrax japonica *Sieb. et Zucc.*）であり、二はムラサキ科のチサノキ（チシャノキ、トウビワ、カキノキダマシ、学名は Ehretia thyrsiflora *Nakai*）であり、三は

クスノキ科のヂシャ（一名ヅサ、アブラチャン、コヤスノキ、フキダマノキ、ムラダチ、学名は Lindera praecox *Blume*）である。つまり万葉歌の山ヂサをしてこの三樹木のどれかに帰着せしめようとせんとて、昔から現代にいたる万葉学者をヤキモキさせているのである。

私の考えでは、もしも仮に万葉歌の山ヂサを上の三種のどれかに当てはめてみるとしたならば、それはエゴノキ科のチサノキすなわちエゴノキであらねばならないであろう。なんとならばこの樹は諸州に最もふつうに見られ、かつその花は白色で無数に枝から葉下に下垂して咲き、その姿はすこぶる趣があって諸人の眼につきやすいからである。そしてムラサキ科のチサノキと、クスノキ科のヂシャとはなんら万葉歌とは関係のないものだと私は信ずる。なぜならばこの二品はその花状が万葉歌とはシックリ合わないからである。このムラサキ科のチサノキはなんら風情の掬すべき樹ではなく、樹は喬木で高く、葉は粗大で硬く、砕白花が高く枝梢に集まって咲き、みるに足るほどのものではない。そしてこの樹は暖国でなくては生じていなく、内地では稀に植えたものを除くのほかはわずかに四国の南部と九州とに野生があるのみで、そうふつうに見られる樹ではない。こんな無風流な姿で、かつ九州四国を除いたほかはめったに見られない樹が数首の歌に詠み込まれるわけはあるまい。またクスノキ科のヂシャすなわちアブラチャンは山地に生ずる落葉灌木で、砕小な黄花が春、葉のまだ出ない前に枝上に集まり咲くのだが、茶人の好む花ぐらいなものでいっこう人の心をひくようなものではない。

『万葉集目安補正』ならびに『万葉集古義』以前の万葉学者は、万葉歌の山ヂサにチサノキを当てていれど、それがどのチサノキだか判然しないうらみがあるが、しかし同書以後の万葉学者はこれにあるいはムラサキ科のチサノキを当てている学者もあれば、またエゴノキ科のチサノキ（エゴノキ）を当てている学者もいる。中には勇敢にもその図まで入れそれを鼓吹している近代の書物もあって、なかなか努めたりと言うべしである。が、しかし右二種のチサノキにヤマヂサという名はない。

古往今来万葉学者が唱うるように、万葉歌の山ヂサをあるいはエゴノキ科のチサノキ（すなわちエゴノキ）、あるいはムラサキ科のチサノキとしてみたとき、またあるいは畔田翠山の『古名録』にあるように知佐木《チサノキ》（延喜式）、知佐（万葉集）、加波知佐乃岐（本草和名）、賀波知佐乃木（倭名類聚鈔）、賀波知佐乃木（天文写本和名抄）、加和知佐乃支（本草類編）、奈佐乃支（同上）河知左（新撰字鏡）、山萵苣（万葉集）、つさのき（仙覚万葉集註釈）、山治左（万葉集）をいっさい斉墩樹のチサノキ（今名）、すなわちエゴノキきりの一種としたとき、果してそれが上の二首の万葉歌とピッタリ合って、あえて不都合なことはないかというと、私は今これをノーと返答することに躊躇しない。以下そのしかるゆえんを説明する。

上に揚げた第一の歌には「山ぢさの花にか君が移ろひぬらむ」とある。今これをエゴノキ科のチサノキ（エゴノキ）あるいはムラサキ科のチサノキの花だとすると、元来これらの樹の花は純白色であるので、「移ろひぬらむ」がいっこうに利かない。もしこれらの花色が紫か藍でもであったら、それは移ろう色、すなわち変わりやすい色、褪めやすい色であるから「移ろひ」がよく利く。白色には「移ろふ」色はなく、咲き初めから散り果てるまで白色でいつまでたっても白花である。ゆえにこの歌の山ヂサは決して白花のひらくエゴノキ科のチサノキでもなければ、またムラサキ科のチサノキでもないという結論に達する。

それから上の第二の歌には「白露重み」とある。それはチサノキすなわちエゴノキの下垂している花に露が宿れば、無論重たげになるのは必定ではあれど、たといこの樹の花が露に湿っていても、これを望んで見るにいっこうに露を帯びているような感じのせぬ花である。まったくこれはサラサラした花で、かつ始めから吊垂して咲いているから、仮に露を帯びたとしても、それがために重たげに見ゆることはない。ゆえにこの花は露を帯びていてもまた帯びていなくてもいっこうそこに見さかいのない花である。歌には「白露重み」とあるから、もっと露を帯びたら帯びたらしい姿を呈し、これを見る人にもそれがはっきりと判るようでなければならない理屈ではないか。ゆえにエゴノキのチサノキを同じくこの歌に当てるのは私は不賛成であり、ことにムラサキ科のチサノキにいたってはまったくかえりみるに足らない論外者である。ウソと思えばその樹を実際に見てみるがよい。必ずなるほどと感ずるのであろう。

上の二つの歌の山ヂサがエゴノキ科のチサノキ、またはムラサキ科のチサノキその品であるという旧来の説、それが今日でも万葉学者に信ぜられているその説を否定するとせば、しからばその歌の山ヂサとは果してどんな植物であってよろしかろうか。

つらつらおもんみるに、私はその山ヂサは樹ではなく草であって、それはイワタバコ科のイワタバコ（岩煙草）、一名イワヂシャ（岩萵苣）、一名タキヂシャ（崖萵苣）、一名イワナ（岩菜）、そしてはわが邦従来の学者が支那の書物の『典籍便覧』にある苦苣苔に当てし（じつは当たっていないけれど）この品、すなわち Conandron ramondioides *Sieb. et Zucc.* でなければならぬと鑑定する。しかし今私の知っている限りでは、まだこれにヤマヂサの方言のあるのを見ないけれど、これはこの植物に対して必ずあり得べき名であるから、試みに諸国の方言を調査してみたならたぶんどこかでこれを見出すことがありはせぬかと期待している。

この植物は山地の湿った岩壁、あるいは渓流の傍の岩側面、あるいは林下の湿った岩の側面などに生じているもので、国によりこれを岩ヂシャもしくは岩崖《タキ》ヂシャとなうるところをもって推せば、前にもいったようにあるいはこれを山ヂシャ（山ヂサ）と呼んでいる所がありそうに思える。山路を行くときその路傍の岩側に咲いている美麗な紫花に逢着し、行人の眼をしてこれに向けしむるのはよくあることである。これをイワタバコというのは、岩に生えてその葉が煙草葉に似ているから、そう名づけられたものである。

そこでこの植物、すなわちイワヂシャ一名タキヂシャのイワタバコなる草を捉え来たって、上の二つの万葉歌と比べてみる。

第一の歌の中の「山ぢさの花にか君が移ろひぬらむ」は、右のイワヂシャなればなんの問題もなくよくその歌の詞と合致するのを見るのである。このイワヂシャの花はその色が紫でいわゆる移ろう色であるから、君の心の変わることを言い現わすにはふさわしい植物である。

次に第二の歌の「白露重み」もこのイワヂシャなれば最もよい。イワヂシャは通常蔭になって湿っている岩壁に着生し、その葉（大なるものは長さ一尺に余り幅も五、六寸に達する）はみな下に垂れて重たげに見え、質厚くきわめて柔軟でやや脆く、かつ往々闊大でノッペリとしているので、これを見る者はだれでもただちに萵苣《チシャ》（チサ）の葉を想起せずにはおかない葉状を表わしている。陰湿な場所にあるのでその葉に露も置きやすく、またその葉はボットリと下に垂れているから、露にうるおえばいっそう重たげに見え、かつ花も点頭して下向きに咲いているので、これまた露を帯ぶれば同じく重たげに見ゆるので、「白露重み」の歌詞が充分よくその実際を発揮せしめている。また歌中に山萵苣の字が用いてあるのも決して偶然ではなく、そしてここにその字を特に使用した理由もよくのみ込めるのである。

このイワヂシャすなわちイワタバコはあえてふつうの草であるとは言わんが、しかし決して稀品ではなく、往々山地ではこれに邂逅するのである。山家《やまが》では家近くにこれを見ることがふつうである所が往々あって、特に紫色の美花を開くので人をしてこれを認めやすからしめ、また覚えやすからしむるのである。試みに山里の人にきけば、ンー、その草ならうちの家の裏の岩にいくらも付いていらー、と言う所もあろう。すなわちこんな草なのであるから、自然に歌を詠む人にその名物の材料となってもなにも別に不思議はないはずだ。

右のようなわけなのであるから、私は上の万葉歌の山治左（ヤマヂサ）も、また山萵苣（ヤマヂサ）も共にいわゆるイワタバコのイワヂシャそのものであることを確信するのであるが、これは従来万葉歌人のなおいまだ説破しないところであった。

しかるに私は今この稿を草する際、かの曽槃の著である『国史草木昆虫攷』の書物があることを思い出し、さっそくこれを書架よりひき出して繙閲してみたところ、はからずもその巻の八に左の記事のあるのを見出した。すなわち参考のため今ここにその全文を転載してみよう。

やまぢさ　万葉巻十一に、「山萵菜のしら露重く浦経る心を深くわが恋やまず」巻七に、山治佐の花にか君がうつろひぬらん、巻十八に、よの人のたつることだて知左の花、六帖に「我が如く人めまれらにおもふらし白雲ふかき山ぢさの花」或はいふ今山野の俗にチシャノキといふものこれ成るべし、槃按に、集中に木によみたるはしるしなし、ましてチサノキの花は色白きものなればうつろひぬといへる詞によしなし、萵苣の字を借用ひたれば蓋し草なるべし、さて武蔵国相模国山中にイハチサ一名イハナとて葉はげにも菜蔬のチサの葉に似て石転《イワワ》の苔むしたる所におふものあり、その葉は春のするにもえいで夏のきて一二茎をぬき桔梗の花に似たる小なるが七ふさ八ふさつどひて咲く也その色はむらさきなり、箱根山かまくら山などにいとおほし、このヤマヂサは応にこれにやあらんか、順抄に本草を引て売子木を賀波治佐乃木と注したり、これ山萵苣にむかへたる名なるべし

右の書物は今から百二十一年前の文政四年にできたものであるから、この時代に既に曽槃は万葉集のヤマヂサはあるいはイワヂサ（すなわちイワタバコ）ではなかろうかと思っていたのであった。しかし私はまったくこれを知らなかったが、今これを知ってみると曽槃は百年以上も昔に既にはやくこれに気づいていたのであった。そして今日私のみるところとまったく符節を合わせているのは、この説をしてますます真ならしむるうえに大いに貢献するところがあるといってよかろう。

前文中にエゴノキについて述べたことはあるが、なおこの樹に関してのいきさつを次に少々書いて読者の一粲に供してみよう。

エゴノキには既に上に書いたとおり種々な名があるが、その中にチシャノキというのがある。しかしそれにヤマヂサという名はない。これは山に生えているチサノキだと言えば通ぜんでもないが、チサノキはなにも山ばかりに生えているのではなく、ずいぶんと平地にもあるから、ことさらこれに山の字を加えて山ヂサと呼ぶ必要もないほどのものである。

従来わが邦の学者は、このエゴノキを支那の齊墩果に当てて疑わない。小野蘭山の『本草綱目啓蒙』を始めとしてみなそう書いているが、これはとんでもない間違いで、齊墩果は決してエゴ

ノキではない。しからばそれはなんの樹であるかというと、これはかのオリーブ（Olive すなわち Olea europaea *L.*）のことである。

この齊墩果はすなわち齊墩樹のことで、それが初めて唐の段成式の『酉陽雑俎』という書物に出ており、その書には

齊墩樹ハ波斯及ビ仏林国〔牧野いう、小アジアのシリア〕ニ生ズ、高サ二三丈、皮ハ青白、花ハ柚ニ似テ極メテ芳香、子ハ楊梅ニ似テ五六月ニ熟シ、西域ノ人圧シテ油ト為シ以テ餅果ヲ煎ズルコト中国ノ巨勝〔牧野いう、胡麻のこと〕ヲ用ウルガ如キナリ（漢文）

と記してある。しかしこの書の記事は遠い他国の樹を伝聞して書いたものであるから、文中にはまずい点がないでもない。

日本の学者がまずこれを取り上げてその齊墩樹をみだりにわがエゴノキだと考定したのはかの小野蘭山で、すなわち彼の著『本草綱目啓蒙』にそう書いてある。何を言え偉くてもろもろの学者が宗とあがむる蘭山大先生がこれをエゴノキと書いたもんだから、学者仲間になんの異存があろうはずなく、たちまちそれじゃそれじゃとなってその誤りが現代にまで伝わり、今日でもほとんど百人が九十七、八人くらいまではその妄執に取りつかれてあえて醒覚することを知らない有様である。

それならオリーブをどうして齊墩樹というかと言うと、この齊墩樹は元来が音訳字であって、

それはペルシャ国でのオリーブの土言ゼイツン（Zeitun）に基づいたものにほかならないのである。すなわち齊墩樹はオリーブの音訳漢名なのである。そしてこの事実はわが邦では比較的近代に明瞭になったもので、徳川時代ならびに明治時代の学者にはそれは夢想だもできなかったものである。

芝居の千代萩の千松の唄った歌の中にチサノキがあるが、これはエゴノキ科のチサノキであろう。ムラサキ科のチサノキは関東地にはないから無論この品にあらざることはすぐに推想ができるが、しかしときとするとそれを間違えている人もある。

（『植物記』より）

万葉歌のアオイは蜀葵である

『万葉集』巻第十六に「梨《なし》棗《なつめ》黍《きみ》に粟《あは》つぎ延《は》ふ葛《くず》の後《のち》も逢《あ》はむと葵《あふひ》花《はな》咲《さ》く」（成棗寸三二粟嗣延田葛乃後毛将相跡葵花咲）という歌がある。今この歌中の葵を正品の葵、すなわち冬葵（*Malva verticillata L.*）だとする万葉歌界の通説（佐々木信綱博士の『万票辞典』参照）には私は断じて賛成しがたく、そして私は進んでわが郷国の歌学者で『万葉集古義』の著者である鹿持雅澄先生の蜀葵説に左袒し、かつその所説を支持することを辞さない。それは確信をもつ私の従来からの見解と一致するからである。今ここにそれを理窟から押してもまた常識から考えても、これは民間で今も人々が通称しているアオイ（すなわち蜀葵、*Althaea rosea Car.* ＝ *Alcea rosea* L.）そのものであらねばならない理由がある。そしてこのいわゆるアオイにはさらに、タチアオイ、カラアオイ、カラオイ、ハナアオイ、ツユアオイ、オオアオイ、オオガラアオイの名があり、その漢名には蜀葵のほかになお、戎葵、呉葵、胡葵、一丈紅、葵花などの異名がある。そして本品は元来は欧洲東南部のアルバニア、ギリシアならびに小アジア辺の原産でそれが世界の各方に拡まったものである。

本種は宿根生の大草本で、茎は数尺の高さに直立し、六月に華麗な大花を繁く緑葉間にひらいてつぎつぎに咲きのぼり、ついにその花が咲き尽した時分に梅雨が上がると唱えられるもので、通常人家の庭際に栽えられ、また諸所農家の庭さきにも多く見られる顕著な花草でだれでもよく知っていて、たいがいの人々が単にアオイと呼んでいるのである。支那の昔の人はこの花草の状を形容して、いっきに「疎茎、密葉、翠萼、艶花、分粉〔牧野いう、雄蕋をさす〕、檀心〔牧野いう、雌蕋をさす〕」と書いている。

アオイは元来葵、すなわち冬葵の和名ではあれども、民間で俗に昔からアオイと呼んでいるものは、今日でもなおやはり昔のとなえをそのまま続けている蜀葵のアオイそのものである。そして昔からそれを単にアオイと呼んでいる証拠は、今から三百三十六年前に林道春の『新刊多識編』にも既に「蜀葵 加良阿於比今案阿於比」とあり。『下学集』にも一丈紅すなわちカラアオイを単に葵《アオイ》と書いてある。また貞享元年に刊行せられた向井元升の『庖厨備用倭名本草』には、「アフヒハ本草ニ蜀葵ト云モノ也其説分明ニシテ眼前ニアフヒヲミルガ如シ」と叙してあり、また貝原益軒の『大和本草』には蜀葵をアフヒと訓じており、また同じく益軒の『花譜』にも「蜀葵《あふひ》、本草を考るに今人家にうえて花を賞するあふひ是也」と書いてあり、また小野蘭山の『本草綱目啓蒙』には、「凡花ノ書及詩文ニ葵花ト称スルハ皆蜀葵ヲサス」と出ており、また同じく蘭山の『秘伝花鏡啓蒙』にも蜀葵（タチアオイ、オオアオイ、ツユアオイ）の条下に、「俗ニアフヒノ花ト云フハ此花ヲ指テ云」と書いてあり、また畔田翠山は彼の『古名録』巻十二、加良阿布比《カラアフヒ》すなわち蜀

アオイ（民間を通じての俗称）（タチアオイ、ハナアオイ、蜀葵）
（原図、もと着色、右傍の全草図は他書よりの転写）

葵の条下に、「万葉集第十六曰成棗《ナシナツメ》寸《キ》三《ミ》二《ニ》粟嗣《アハツギ》延田葛乃《ハフクズノ》。後毛《ノチモ》将相跡《アハムト》葵花咲《アフヒハナサク》。蜀葵《アフヒ》ハ入梅ノ頃本ヨリ花開テ梢々咲登リ再ビ本ニ戻リ花開テ又末ニ咲登レバ出梅也後毛《ノチモ》将相跡《アハムト》葵花咲ト云此也」と書いており、また水谷豊文の『物品識名』には「アフヒハナアフヒ蜀葵」と記してある。また鹿持雅澄の『万葉集品物解』には「あふひ（葵）」の条下に「此の集にいへるもこの蜀葵《オホアフヒ》なるべし和名本草にいはゆる加良葵《カラアフヒ》も蜀葵《オホアフヒ》の古名ならむか」と述べ、ならびに同人の『万葉集品物図絵』には「あふひ」を蜀葵となしてその図を出し、傍に「成棗《ナシナツメ》。寸《キ》三《ミ》二《ニ》粟嗣《アハツギ》。延田葛乃《ハフクズノ》。後毛《ノチモ》将相城《アハムト》。葵花咲《アフヒハナサク》」のその歌が添えてある。また寛政十二年に発行の『青山御流活花《いけばな》手引種《てびきぐさ》』にも蜀葵をアオイとしており、また天明二年出版の『華実年浪草』には蜀葵をアオイともカラアオイともしてあり、また『画本福寿草』（後に『草花式』と改題して刷行している）にも蜀葵花をアフヒ ツユアフヒ ハナアフヒと書いてその図が出ており、また『画本野山草』にも蜀葵すなわち立葵《タチアオイ》一名戎葵《カラアオイ》をアフヒ（葵の字が仮用してある）としており、また丹波頼理の『本草薬名備考和訓鈔』には蜀葵にアフヒ、カラアフヒ、ハナアフヒ、タチアフヒの名が署してあり、また天保七年に長崎で出版せられた画工川原慶賀の『慶賀写真草』（明治年間になって大阪の書肆前川文栄堂がその旧版木を用いて刷り原本の墨書へほしいままに彩色を施し、かつ書名を勝手に『草木花実写真図譜』と変更し、これを黄表紙四冊［原本は二冊］の大本となして出版している）には巻中図画のところではタチアフヒと書いてあるが、目録のところでは蜀葵としてある。また物集高見博士の『日本大辞林』には、唐葵カラアフヒを東京などにてはアフヒというということが書いてある。また白井光太郎博士の『植物渡来考』ハナアフヒの条下には、「〔名称〕漢名蜀葵和名カラアフヒ本草和名ハナアフヒ一名ツユアフヒ一名タチアフヒ一名オホアフヒ一名オホガラアフヒ南部一名アフヒ能登以上本草啓蒙〔来歴〕土耳其、希臘、クレエタ島に野生す支那にても古くは戎葵と呼び西戎より伝来せるものなることを表はせり之れを蜀葵と呼ぶは最初蜀の地に伝へしが故なり爾雅に菺立堅戎葵なりとあり日本の書にては本草和名にカラアフヒとあるが始なれども万葉集に『ナシナツメキミにアハつぎはふクズののちもあはんとアフヒはなさく』と云ふ歌あり此アフヒも蜀葵の事なるべしと云ふ説あれば此時代に已に日本に伝植せられ居たるならんか」と叙してあり、また京都の医で俳人である永井蘇泉氏（またの号土芳、名は朋吉）の俳句集『ひるがほ』（昭和五年京都刊行）中の「花物語」には「あふひ立葵一名花葵、葵、蜀葵、戎葵、荊葵　古く支那から輸入された有名な花で、其原産地である欧洲の東南部小亜細亜等には自生がある。あふひ科に属して茎は通常直立して枝無く七八尺に達し、葉は互生で鋸歯がある。花は大きくて五個の花弁があり、短い柄を具へ茎の下方から葉腋毎に生じ茎頭に至って止まる。花の色は、紅、紫、白等色々あり、一重咲き八重咲きがある。其下に総苞を具へ、子房は多室、柱頭は花柱の側面にある。入梅の前後に咲き初め、梅雨期の終る頃全く咲き終るので梅雨葵の名がある。我邦に於て古来文学上に葵と云へば立葵のことで植物学（本草学）状に於ては冬葵を指して葵と称するのである。『万葉集』の物名歌に　なしなつめきみにあはつぎはふくずののちもあはむとあふひはなさく　和歌に詠まれた最も古い処である。俳句では　せりあげて苔をこぼす葵かな　凡兆」と書いてある。

また従来民間で実地に日常ごくふつうこれを単にアオイと呼んでいる地方は広く邦内諸州いずれにもあって、あえて少しも珍しい事ではなく、女、子供でもみなよくそのアオイなる名を知っておりかつその草をも知っていて、すなわちこれが常識となっているのである。このようにわが邦において古来俗間でふつう単にアオイといってそれが通名のようになっているものは、元来正品のアオイすなわち葵、一名冬葵ではなくてみな蜀葵そのものであるその実状をしっかりと心に銘記していなければならない。このごとく一般的の植物でかつ美花を開き、ふつうに人家あるいは農家などにも種えてあって衆人に親しまれまた悦こばれる花草であるがゆえに、そこで万葉歌人が自詠の歌にふさわしい対象物として通常そこらに見るこのアオイをその歌中に取り入れ、またの再会が叶うであろうとひそかに心の中で期待しつつあるその心事を、そこに祝福しているかのように明るく華やかに咲いているこの蜀葵のアオイ（ハナアオイすなわちタチアオイ）に意を寓せしめて、さてこそいみじくも「葵花咲く」と詠んだのであろうことが想像せられる。そしてこの歌の止めとしてこの句が最も力がある。今試みにこの歌を繰り返し繰り返し味わい読んでみると、この「葵花咲く」の句が特に力強くわが胸に響くのを禁じ得ない。すなわちこれはおそらくこの歌での精神をこめた主句であろう。ひっきょうこれは美しい蜀葵のアオイ花であればこそである。正品の葵（冬葵）の花ではいっこうにたわいないもので、その花は「葵花咲く」と誇りやかに歌うにはその花形があまりにも小さすぎ、少し遠く隔たって望めば果してそこに花があるかないかわからぬぐらいで、かつその上にそれが葉隠れに咲いているからいっこうに不顕著しごくでなんの感じも起こり得なく、そして「葵花咲く」と言うからには、こんな眇たる細花ではまったく張り合いがなく、もっと眼につく鮮明な花でなくては叶わない。なおその上にこの正品の葵（冬葵）は一般広く培養してはいなく、いわばわが邦では古今を通じてあまり人の知らないまれな草本で、たとえそれがあったとしてもふつう人の眼につくようなものではなく、したがって歌に詠み入れて注意を惹かすような資格を持ったものでもない。

今参考のためにちょっとここに注意書きしておかねばならぬ一事がある。それは飯沼慾斎の『草木図説』巻の十二にあるアオイ（葵）すなわちフユアオイ（冬葵）についてである。すなわち同書の図を見ると、その花が茎の梢の末端に飛び抜けたように描いてあるが、しかしアオイの花は決してこのように顕著には咲かない。茎の梢になると自然に芽も弱くなるからしたがって花梗も縮み、花態も貧弱になるのが常態の姿である。この飛び抜けたように描いてあるのは特にその花をあらわに現わさんがためにわざわざそう取り扱ったのであろうことが想像せられる。

さて右正品の葵すなわち冬葵（*Malva verticillata L.*）は主として薬草として、古くわが日本へは支那から伝えたもので、したがって一般普遍的に諸国で作られたのではなく、ただその実すなわちいわゆる阿布比乃美（深江輔仁の『本草和名』）の冬葵子を採取するためにわずかに薬圃に限られて栽培せられたものたるにすぎない。しかるに今から一千余年も前の時代には支那にならいて蔬菜の目的で、当時醍醐帝朝廷の内膳司ではこれを園圃で耕種させ朝廷での蔬としたことが『延喜式』に載っていて、その事実は「葵葅九斤」、「葵半把生菜料」、「葵四把」の文に徴して知られる。その当時は多少はある地方で食用蔬菜として作ってあったこともあったようでもあるが、しかしあまねく諸州の農家で作っていなかったであろうことはわが邦幾多の文献によってそれが一般民間での日常蔬菜にまで発展しなかったことが分かる。ゆえに元禄十年刊行の『本朝食鑑』でもまたその他の書物でも、葵がわが邦栽培の蔬菜となっている事実はいっこうに書いてない。ひいて今日でも園圃の蔬菜として連綿引き続いて作っている風習は、わが邦内どこへ行っても見られないのである。ゆえに葵を菜として貴び作ったということは、それは支那のことがらである。ゆえに支那の書物に出ている事実を移して、もって直ちにわが邦を律することはできないわけだが、とかく支那の書物に依存する昔の半可通学者は往々それをあえてし、葵が支那でのように一般的にわが邦でもまた作られてあったごとく錯覚して書いているのはこっけいのいたりだ。すなわち今から二百六十四年前の貞享元年に出版せられた向井元升の『庖厨備用倭名本草』に、「倭名鈔ニアフヒ園菜部ニ載タリ多識篇ニコアフヒ古人ハ種テ常ニ食ス故ニ旧《モトノ》本草ニハ菜ノ部ニ載タリ今人ハ食スルモノナク亦種ルモノナシ郊野ニ自生ス故ニ本草綱目ニハ菜ノ部ヨリ移シテ湿草ノ部ニ入タリ」と書いてわが邦でも古人はこれを常食としていたと聞こえるように書いていれど、これはひっきょう支那でのことで決してわが日本でのことがらではなく、この文章は支那の李時珍の『本草綱目』湿草類葵の条下に、「古ヘハ葵ヲ五菜ノ主ト為セシモ今ハ復タ之レヲ食ハズ故ニ移シテ此ニ入ル」と書き、また「葵菜ハ古人種テ常食ト為ス今ハ種ウル者頗ル鮮ナシ」（共に漢文）と書いてあってこれらの文がそのもととなっていることが見られるではないか。

葵、すなわち冬葵の花は前にもすでに書いたようにいたって小形でいっこうに見るに足らなく、したがって観賞的植物として栽培しているところはいずれにもないから、決して普遍的に民家または農家などにてのふつうの草とはならなかった。そしてまたこの植物は前にも言ったとおり「葵花《あふひはな》咲《さ》く」と歌われるほどな目につくものでは決してないのである。ひっきょう本当の葵（冬葵）、すなわち正品のアオイは私の確信するところではまったく万葉歌とは無関係没交渉無縁故のものである。それゆえにそのアオイと呼びし名のみにとらわれてそれに拘泥し、直ちにそれが万葉歌のアオイそのものであると速断する説に対しては私は断々固として反対を表明する決意を持っている。

豊田八十代氏の『万葉植物考』あふひ（葵）の条下に、白井光太郎博士の所見を掲げて「万葉集には葵の字を用いたれば食用の冬葵を指すものと断じて可ならむといはれたり」と書いてあるが、この白井博士の説は老練な同君に似あわずじつにその詮索が不徹底で考えが浅膚でまったく間違いきっている。なんとなれば既に前にも書いたとおり、たとえ万葉歌に葵の字が用いてあってもそれは単なる仮用字で、正品の葵すなわち冬葵ではないからである。

この正品なる葵すなわち Malva verticillata *L.* は元来欧洲、アフリカ洲東北部のエジプトとアビシニア、印度、支那等の原産といわれ、わが日本へは往時薬用植物として支那から伝えたものである。徳川時代になってのものは山城の山城郷《やましろごう》に多く栽え、その種子すなわちいわゆる冬葵子を採収して四方に貨《う》ったと『本草綱目啓蒙』葵の条下に出ているが、この山城郷は今日の富野《との》荘《しょう》村の地で久世郡に属する。しかし現時はその栽培がとっくにすたれて同地に葵を見ることはまったくない。私は先年そこへ調査に行ってそれを確かめてきたことがあった。

薬草圃に作ってあるものの種子が偶然に逸出し、それが幸いに海辺地に達するとそこに野生の状態となって開花結実し、永く生活を続ける。すなわちその種子が散落しては自ら生え、人力を借りずに生長する。『本草綱目啓蒙』にも「諸州江海浜ニ多ク生ズ」と書いてある。そして海辺以外の地へはあえて野生状態とはならないのは、けだし本種は元来海辺の地がそのホームではありはしないか。

この葵を今日朝鮮ではアウクといわれるそうだが、久しく同国に在勤していた理学士竹中要氏のいわるるには、右の朝鮮語のアウクは左の順序で逓進しついに和名のアオイとなったものではなかろうかとのことである。すなわち Auku → Auchu → Auchi → Auhi → Aohi とこれである。しかるにわが邦の学者は、アオイは「仰グ日」の略せられたもので日を仰ぐ意だと言っている。すなわち支那に「葵葉日ニ傾キ其足ヲ照サシメズ」等の語があるごとくその葉が日を仰いで傾くということがらに基づいての説である。このようにアオイの語原については二様の見解があるので、これは語原学者にとっては好課題であるといえる。

（『続牧野植物随筆』より）

万葉歌のイチシ

万葉人の歌、それは『万葉集』巻十一に出ている歌に「みちのべのいちしのはなのいちじろく、ひとみなしりぬわがこひづまは」（路辺壱師花灼然、人皆知我恋孋）というのがある。そしてこの歌の中に詠みこまれている壱師ノ花とあるイチシとは一体全体どんな植物なのか。古来だれもその真物を言い当てたとの証拠もなく、いたずらにあれやこれやと想像するばかりである。なぜなれば、現代ではもはやそのイチシの名がすたれてとっくにこの世から消え去っているから、今その実物が摑めないのである。ゆえにいろいろの学者が単に想像を逞しくして暗中模索をやっているにすぎない。

甲の人はそれはシであるギシギシ（羊蹄）だといっている。乙の人はメハジキのヤクモソウ（茺蔚すなわち益母草）だといっている。丙の人はそれはイチゴの類だといっている。丁の人はそれはクサイチゴだといっている。戊の人はそれはエゴノキだといっている。そしていっこうに首肯すべきその結論に到着していない。

そこで私もこの植物について一考してみた。始めもしやそれは諸方に多いケシ科のタケニグサすなわちチャンパギク（博落廻）ではないだろうかと想像してみた。この草は丈高く大形で、夏に草原、山原、路傍、圃地の囲廻り、山路の左右などに多く生えて茂り、その茎の梢高く抽《ぬき》んでている大形の花穂そのものは密に白色の細花を綴って立っており、その姿は遠目にさえも著しく見えるものである。だが私はそれよりも、もっともっとよいものを見つけて、ハッ！　これだなと手を打った。すなわちそれはマンジュシャゲ（曼珠沙華の意）、一名ヒガンバナ（彼岸花の意）で、学名を Lycoris radiata *Herb.* と呼び、漢名を石蒜といい、ヒガンバナ科（マンジュシャゲ科）に属するいわゆる球根植物で襲重鱗茎（Tunicated Bulb）を地中深く有するものである。

さてこのヒガンバナが花さく深秋の季節に、野辺、山辺、路の辺、河の畔の土堤、田の土堤、山畑の縁などを見渡すと、いたるところに群集し、高く茎を立て並びあの赫灼たる真紅の花を咲かせて、そこかしこを装飾している光景は、だれの眼にも気がつかぬはずがない。そしてその群をなして咲き誇っているところ、まるで火事でも起こったようだ。だからこの草には狐ノタイマツ、火焔ソウ、野ダイマツなどの名がある。すなわちこの草の花ならその歌中にある「灼然《いちじろく》」の語もよく利くのである。また「人皆知りぬ」も適切な言葉であると受け取れる。ゆえに私は、この万葉歌の壱師すなわちイチシはたぶん疑いもなくこのヒガンバナ、すなわちマンジュシャゲの古名であったであろうときめている。が、ただし現在何十もあるヒガンバナの諸国方言中にイチシに髣髴《ほうふつ》たる名が見つからぬのが残念である。どこからか出てこい、イチシの方言！

万葉歌のツチハリ

万葉歌のツチハリ、それは『万葉集』巻七に「わがやどにおふるつちはりこころよも、おもはぬひとのきぬにすらゆな」（吾屋前爾生土針従心毛、不想人之衣爾須良由奈）という歌があって、このツチハリの名が一つの問題をなげかけている。

このツチハリ（土針）は、人がなんと言おうとも、または古書になんとあろうとも、それは決して古人が王孫（『倭名類聚鈔』には「王孫、和名沼波利久佐（ヌハリグサ）、豆知波利（ツチハリ）」と書いてある）にあてているツクバネソウでは決してない。

このツクバネソウは深山に生じているユリ科の小さい毒草で Paris tetraphylla *A. Gray* の学名を有し、もとより家の居まわりに見るものでは断じてない。またこの草は絶えて染料になるべきものでもなく、まずは山中の樹下にボツボツと生えているただの一雑草にすぎないのである。

今この歌でみると、そのツチハリは家の近まわりに生えていて、そしてそれが染料になるものでなければならないはずだ。ではそれは何であろうか。

私の師友であった碩学の永沼小一郎氏は、ツチハリをゲンゲ（レンゲバナ）だとせられていたが、それにはもとより一理窟はあった。が、しかし私の愚考するところではツチハリに三つの候補者がある。すなわちその一はハギ（萩）の嫩い芽出ちの苗、その二はハンノキ、その三はコブナグサである。そこで私はこのコブナグサこそそのツチハリではなかろうかと信じている。すなわちその禾本科なるこの草は通常家の居まわりの土地に生えていて、その花穂が針のように尖っており（それで土針というのだと想像する）、そしてその草が染料になるのだから、この万葉歌のツチハリとはシックリと合っているように感ずる。しかしこの事実は古来何びとも説破しておらず、この頃私の始めて考えついた新説であるから、これが果して識者の支持を受け得るか否かはいっさい自分には判らない。

右のコブナグサであれば、歌の「わがやどに生ふる」にも都合がよく、また「衣《きぬ》にすらゆな」にも都合がよい。

このコブナグサは Arthraxon hispidus（*Thunb.*）*Makino* の学名を有し、ホモノ科（禾本科）の一年生禾本で、各地方の随地に生じ土に接して低く繁茂し、前にも書いたように秋にたくさんな針状花穂が出て上を指している。細稈に互生した有鞘葉はその葉片幅広く、基部は稈を抱いている特状があるので、容易に他の禾本と見分けがつく。そしてその葉形を小さい鮒に見たてて、それでこの禾本にコブナグサの名があるのである。

古く深江輔仁の『本草和名』には、このコブナグサを藎草にあててその和名を加伊奈（カイナ）

一名阿之為（アシイ）としてあり、また源順の『倭名類聚鈔』には同じく藎草にあててその和名を加木奈（カキナ）〔牧野いう、加木奈はけだし加伊奈の誤りならん〕一云阿之井（アシイ）としてある。コブナグサは京都での名で、江州ではササモドキ、播磨、筑前ではカイナグサというとある。貝原益軒の『大和本草』諸品図の中にカイナ草の図があるがただ図ばかりで説明はない。またこれにカリヤス（ススキ属のカリヤスと同名）の名もあるように書物に出ている。『本草綱目啓蒙』には藎草の条下に「此茎葉を煎じ紙帛を染れば黄色となる」と出ている。八丈島でもこれをカリヤスと呼んで染料にすると聞いたことがあった。

わが国の本草学者などは支那でいう藎草をコブナグサにあて、コブナグサの漢名としてこれを用いているが、これは誤りであって元来藎草とはチョウセンガリヤス（Diplachne serotina *Link.* var. chinensis *Maxim.*）の漢名である。そしてこの藎草はかの詩経にある「菉竹猗々たり」の菉竹で、支那にはふつうに生じ一つに黄草とも呼んでいる。『本草綱目』藎草の条下に李時珍のいうには「此草緑色にして黄を染むべし、故に黄と曰ひ緑と曰ふ也」とある。また梁の陶弘景註の『名医別録』には「藎草……九月十月に採り以て染め金色を作《な》すべし」とあり、唐の蘇恭がいうには「荊襄の人煮て以て黄色を染む、極めて鮮好なり」（共に漢文）とある。しかし日本人は恐らくこのチョウセンガリヤスを染料として黄色を染めた経験はだれもまだもってはいまい。

日本の学者は古くから藎草をカイナのコブナグサに当て、コブナグサを藎草だと信じ切っているが、それは大間違いで藎草は前記のごとく決してコブナグサではない。学者はそう誤認し、支那では上のように藎草が黄色を染める染料になるので、そこで日本で藎草と思いつめていたコブナグサが染め草となったものであろう。すなわち名の誤認から物の誤認が生じたわけで、つまり瓢箪から駒が出たのである。染料植物でないものが染料植物に化けたのである。が、これはそうなっても別にそこに大した不都合はない。なぜなら禾本諸草はたいてい乾かしておいて煮出せば黄色い汁が出て黄色染料になろうからである。

前に帰っていうが、日本の本草学者は王孫をツクバネソウとしている。しかしこの王孫は断じてツクバネソウそのものではない。そしてこのツクバネソウは日本の特産植物で、支那にはないからもとより漢名はない。

（『植物一日一題』より）

万葉歌のナワノリ

ナワノリ（縄ノリ）と呼ばれる海藻が『万葉集』巻十一と巻十五との歌にある。すなわちその巻十一の歌は「うなばらのおきつなはのりうちなびき、こころもしぬにおもほゆるかも」（海原之奥津縄乗打靡、心裳四怒爾所思鴨）である。そしてその巻十五の歌は「わたつみのおきつなはのりくるときと、いもがまつらむつきはへにつつ」（和多都美能於伎都奈波能里久流等伎登、伊毛我麻都良牟月者倍爾都追）である。

橘千蔭の『万葉集略解《リヤクゲ》』に「なはのりは今長のりといふ有それか」とあるが、このナガノリという海藻は果してなにを指しているのか私には解らない。そして今私の新たに考えるところでは、このナワノリというのはけだし褐藻類ツルモ科のツルモすなわち Chorda Filum *Ramx.* を指していっているのであろうと信じている。

このツルモという海藻は、世界で広く分布しているが、わが日本では南は九州から北は北海道にいたり、太平洋および日本海の両沿岸で波の静かな湾内に生じ、その体は単一で痩せ長い円柱形をなし、その表面がぬるついており、砂あるいはやや泥質の海底に立って長さは三尺から一丈二尺ほどもあり、太さはおよそ一分弱から一分半余りもあって、粗大な糸の状を呈し、上部は漸次に細ってついに長く尖っている。地方によってはこれを食用に供している。そして体がごく細長いので、これを縄ノリとすれば最もよく適当している。このように他の海藻にくらべて特に痩せ長い形をしているので、海辺に住んでいた万葉人はよくこれを知っていたのであろう。ゆえに上のような歌にも詠み込まれたものだと察せられる。このように長い海藻でないとこの歌にはしっくりあわない。

(『植物一日一題より』)

秋の七種アサガオは桔梗である

今から千六十一年前にできた辞書、それは人皇五十九代宇多帝の時、寛平四年すなわち西暦八九二年に僧昌住の著わした『新撰字鏡』に「桔梗、二八月採根曝干、阿佐加保、又云岡止々支」とある。すなわちこれが岡トトキの名を伴った桔梗をアサガオだとする唯一の証拠である。人によってはこれはただこの『新撰字鏡』だけに出ていて他の書物には見えないから、その根拠がきわめて薄弱だと非難することがあるが、たとえそれがこの書だけにあったとしても、ともかくもそのものが厳然とハッキリ出ている以上は、これをそう非議するにはあたらない。信をこの貴重な文献においてそれに従ってよいと信ずる。

秋の七種《ななくさ》の歌は著名なもので、『万葉集』巻八に出で山上憶良《ヤマノウエノオクラ》が詠んだもので、その歌はだれもがよく知っているとおり、「秋《あき》の野《ぬ》に咲《さ》きたる花《はな》を指《およ》び折《を》り、かき数《かぞ》ふれば七種《ななくさ》の花《はな》」、「はぎが花《はな》を花葛花《はなくずばな》瞿麦《なでしこ》の花《はな》、をみなべし又藤袴《ふぢばかま》朝貌《あさがほ》の花《はな》」である。この歌中のアサガオを桔梗だとする人の説に私は賛成して右手を挙げるが、このアサガオをもって木槿すなわちムクゲだとする説には無論反対する。

元来ムクゲは昔支那から渡った外来の灌木で、七種の一つとしては決してふさわしいものではない。また野辺に自然に生えているものでもない。またこの万葉歌の時代に果してムクゲが日本へ来ていたのかどうかもすこぶる疑わしい。したがってこれをアサガオというのは当たっていない。いま一つ『万葉集』巻十にアサガオの歌がある。すなわちそれは「朝がほは朝露負ひて咲くといへど、ゆふ陰にこそ咲きまさりけれ」である。この歌もまた桔梗としてあえて不都合はないと信ずるから、それと定めても別に言い分はない。すなわちこれは夕暮に際して特に眼をひいた花の景色《けはい》、花の風情を愛でたものとみればよろしい。

この『万葉集』のアサガオを牽牛子《ケンゴシ》のアサガオとするのは無論誤りで、憶良が七種の歌を詠んだ一千余年も前の時代には、まだこのアサガオはわが日本へは来ていなかった。そしてこの牽牛子のアサガオは、始め薬用として支那から渡来したものだが、その花の姿がいかにもやさしいので栽培しているうちに種々花色の変わった花を生じ、ついに実用から移って観賞花草となったものである。そしてこのアサガオは万葉集とはなんの関係もない。

また万葉集のアサガオをヒルガオだとする人もあったが、この説も決して穏当ではない。

（『植物一日一題』より）

ムクゲをいつ頃アサガオといい始めたか

ムクゲすなわち木槿をアサガオと呼びはじめたのはそもそもいつ頃であって、そしてなぜまたそういったのであろうか。しかしこの名は正しいとはいえないのみならず、それは確かに間違っているのである。

いったいムクゲの花は早朝に開き一日咲きとおし、やがて晩にしぼんで落ちる一日花で、朝から晩まで開きどおしである。この点からみても朝顔の名は不穏当なものであるといえる。槿花一朝の栄とはいうけれど、この花は朝ばかりの栄ではなくて終日の栄である。すなわち槿花一日の栄だといわなければその花の実際とは合致しない。かくムクゲの花は前記のとおり一日咲きどおしで一日顔だから、これを朝顔というのはすこぶる当を得ていない。

人によっては『万葉集』にある「朝顔は朝露負ひて咲くといへど、暮陰《ゆふかげ》にこそ咲益《さきまさ》りけれ」の歌によって、秋の七種《ななくさ》の歌の朝顔をムクゲだと考えたので、それでムクゲに始めてアサガオの名を負わせたのだ。それ以前からムクゲにアサガオの名があったわけではない。つまり一つの誤認からアサガオの名が現われたのは、ちょうど蜃気楼のようなもんだ。

私はここに断案を下してムクゲをアサガオというのは大間違いであると裁決する。不服なれば異議を申し立てよだ。不満があれば控訴でもせよだ。もしも私が敗北したら罰金を出すくらいの雅量はある。もしも金が足りなきゃ七ツ屋へ行き七、八おいてこしらえる。

このムクゲは落葉灌木で元来日本の固有産ではないが、今はあまねく人家に花木として栽えられ、また生籬《いけがき》に利用せられ挿木が容易であるからまことに調法である。紀州の熊野川に沿った両岸には長い間、まるで野生になったムクゲがかの名物のプロペラー船でさかのぼり行くとき、下り行くとき見られる。人家にあるムクゲの常品は紅紫花一重咲のものだが、なおほかに純白花品、白花紅心品、紅紫八重咲品、白八重咲品等種々な変りだねがあるが、こんな異品をひとところに集めて作り、その花を賞翫しつつ槿花亭の風雅な主人となった人をまだ見たことがない。

ムクゲは木槿の音転である。なおこれにはモクゲ、モッキ、ハチス、キハチス、キバチ、ボンテンカなどの方言がある。

蕣の字音はシュンである。世間往々よくこの字をかの花を賞する Pharbitis Nil *Chois.* のアサガオだとして用いる人があるが、それはもとより間違いで、この蕣は木槿すなわちムクゲの一名であり、かの詩経には「顔如蕣華」とある。面白いのはムクゲの一名として朝開暮落花の漢名のあることである。今これを和名に訳せば、アサザキクレオチバナである。また藩籬草の一名もあるが、これはムクゲがよく生籬になっているからである。

万葉の歌にハネズ（唐棣花）という植物が詠みこまれてある。すなわち『万葉集』巻四の「念はじと曰ひてしものを唐棣花色《はねずいろ》の、変《うつろ》ひやすきわが心かも」同巻八の「夏まけて咲きたる唐棣花《はねず》久方《ひさかた》の、雨うち降らば移《うつ》ろひなむか」同巻十一の「山吹《やまぶき》のにほへる妹が唐棣花色《はねずいろ》の、赤裳《あかも》のすがた夢《ゆめ》に見えつつ」同巻十二の「唐棣花色《はねずいろ》の移ろひ易き情《こころ》あれば、年をぞ来経《きふ》る言《こと》は絶えずて」などがこれであって、このハネズをニワザクラ（イバラ科）だという歌人もあれば、またそれはニワウメ（イバラ科）だととなえる歌人もある。またそれはモクレン（モクレン科）だと異説を唱える歌人もいるが、今はまずニワウメ説が通っているようである。しかしこれをそう取りきめねばならんなんらの確証は無論そこになにもなく、ただ空想でそういっているにすぎない。そしてハネズなる名称はとっくに既にこの世から逸し去って今日に存していないのである。ところがある昔の学者の一人は、それは木槿のムクゲすなわちハチス（アオイ科）だと唱えている。すなわちそれは正しいか否か分からんが、これはハネズの語とムクゲのハチスの語とが似ているので、そんな説を立てているのであろう。またハナズオウ（紫荊）だと主張する人もある。私は今このハネズの実物についてはなんら考えあたるところもないので、まずまずここにその当否を論ずることは見合わせておくよりほか途がない。しかしそのうちさらに考えてなんとかこの問題を解決してみたいとも思っている。

ムクゲの葉は粘汁質である。私の子供の時分によくこれを小桶の中の水に揉んでその粘汁を水に出し、油屋の真似をして遊んだもんだ。

（『植物一日一題』より）

編集付記

一、本書は一九七〇年に小社より刊行された『牧野富太郎選集　第二巻』を復刻し、副題を加えたものである。
一、明らかな誤記・誤植と思われるものは適宜訂正した。
一、一部、個人情報にかかる内容等については削除した。
一、読みやすくするために、原則として新字・正字を採用し、一部の漢字を仮名に改めた。
一、今日の人権意識や歴史認識に照らして不適切と思われる表現があるが、執筆時の時代背景を考慮し、作風を尊重するため原文のままとした。

［著者略歴］
牧野富太郎〈まきの・とみたろう〉　文久２年（1862）〜昭和32年（1957）

植物学者。高知県佐川町の豊かな酒造家兼雑貨商に生まる。小学校中退。幼い頃より植物に親しみ独力で植物学にとり組む。明治26年帝大植物学教室助手、後講師となるが、学歴と強い進取的気質が固陋な周囲の空気に受け入れられず、昭和14年講師のまま退職。貧困や様々な苦難の中に「日本植物志」、「牧野日本植物図鑑」その他多くの「植物随筆」などを著わし、又植物知識の普及に努めた。生涯に発見した新種500種、新命名の植物2,500種に及ぶ植物分類学の世界的権威。昭和26年文化功労者、同32年死後文化勲章を受ける。　（初版時掲載文）

テキスト入力　東京デジタル株式会社
校　正　ディクション株式会社
組　版　株式会社デザインフォリオ

牧野富太郎選集《まきのとみたろうせんしゅう》2　春《はる》の草木《くさき》と万葉《まんよう》の草木《くさき》

2023年4月24日　初版第１刷発行

著　者　牧野富太郎
編　者　牧野鶴代
発行者　永澤順司
発行所　株式会社東京美術
〒170 - 0011
東京都豊島区池袋本町3- 31-15
電話 03（5391）9031
FAX 03（3982）3295
https: //www.tokyo-bijutsu.co.jp
印刷・製本　シナノ印刷株式会社

ISBN978-4-8087-1272-3 C0095

牧野富太郎選集　全5巻

人生を植物研究に捧げた牧野富太郎博士
ユーモアたっぷりに植物のすべてを語りつくしたエッセイ集

1　植物と心中する男

「植物の世界は研究すればするほど面白いことだらけです」。自伝や信条を中心に博士の人柄がにじみ出た内容満載。

2　春の草木と万葉の草木

「私はこの楽しみを世人に分かちたい」。桜や梅など春を代表する草花と、『万葉集』の草木にまつわる話を紹介。

3　樹木いろいろ

「まず第一番にはその草木の名前を覚えないと興味が出ない」。講演録とイチョウや菩提樹など樹木のエッセイを掲載。

4　随筆草木志

「蓮根と呼んで食用に供する部分は、これは決して根ではありません」。大根やキャベツなど食べられる植物も登場。

5　植物一日一題

「淡紅色を呈してすこぶる美麗である」。悪茄子、狐の剃刀、麝香草など植物の奥深さが縦横無尽に語られる。